U0281597

时尚的艺术与批评

关于川久保玲、缪西娅·普拉达、瑞克·欧文斯……

CRITICAL FASHION PRACTICE

From Westwood to van Beirendonck

[澳]亚当·盖奇　[新西兰]维基·卡拉米娜　著
Adam Geczy　Vicki Karaminas

孙诗淇　译

重庆大学出版社

Critical Fashion Practice ©Adam Geczy and Vicki Karaminas，2017.

This translation is published by arrangement with Bloomsbury Publishing Plc.

版贸核渝字（2018）第 020 号

图书在版编目（CIP）数据

时尚的艺术与批评：关于川久保玲、缪西亚·普拉
达、瑞克·欧文斯……/（澳）亚当·盖奇
(Adam Geczy)，（新西兰）维基·卡拉米娜
(Vicki Karaminas) 著；孙诗淇译．—— 重庆：重庆大
学出版社，2019.9（2021.12 重印）
　书名原文：CRITICAL FASHION PRACTICE：From
Westwood to van Beirendonck
　ISBN 978-7-5689-1671-4

　Ⅰ.①时… Ⅱ.①亚… ②维… ③孙… Ⅲ.①服装设
计 Ⅳ.① TS941.2
　中国版本图书馆 CIP 数据核字 (2019) 第 148862 号

时尚的艺术与批评：关于川久保玲、缪西娅·普拉达、瑞克·欧文斯……
SHISHANG DE YISHU YU PIPING：GUANYU CHUANJIUBAOLING、 MIUXIYA·PULADA、 RUIKE·OUWENSI……
［澳］亚当·盖奇　　［新西兰］维基·卡拉米娜　著
孙诗淇　译

策划编辑　张　维　　　　　　装帧设计　崔晓晋
责任编辑　张　维　戴倩倩　　责任印制　张　策
责任校对　谢　芳

重庆大学出版社出版发行
出版人：饶帮华
社址：（401331）重庆市沙坪坝区大学城西路 21 号
网址：http://www.cqup.com.cn
印刷：天津图文方嘉印刷有限公司

开本：880mm×1230mm　1/32　印张：8.75　字数：200 千
2019 年 9 月第 1 版　　2021 年 12 月第 3 次印刷
ISBN 978-7-5689-1671-4　定价：99.00 元

献给我的父母，

他们告诉了我好奇心的可贵，

并且不要把任何事

视作理所应当。

Introduction:

From Subculture To High Culture

序言：从亚文化到高级文化

　　马尔科姆·麦克拉伦（Malcolm McLaren）和维维安·韦斯特伍德（Vivienne Westwood）于 1971 年相遇后不久，在英皇大道 430 号开设了一家名为"尽情摇滚"（Let it Rock）的店铺。很快这家店铺发展成传奇的朋克时装店，于是他们将店名改为极具挑逗意味的"SEX"。正如那时候人们常说的，他们始终是一对互补又高效的搭档，两人都有着极端化的品位，迷恋混乱美学并且热衷于打破常规，以一种无政府主义的感性态度，将哥特式的忧郁与狂欢化的疯癫交织融合。麦克拉伦的整体理念其实并不符合日常零售店的经营逻辑，反而更接近于艺术装置创造。[1] 他认为情境主义的"漂移"（dérives）意味着通过对日常生活来刺激现代人麻木知觉的目的。这种解释创造了如"铺路石下是海滩"等 T 恤标语。服装被重新改造，缝上骨头和岩屑，撕出许多奇形怪状的裂口和破洞，再刻意制造一些线头和磨损痕迹。麦克拉伦和韦斯特伍德对于战后时尚界的保守主义感到无奈和厌烦，因此他们将服装同自己的观点相结合。这成了时尚、服饰和造型方式的一个分水岭，我们称之为"批评时尚"（critical fashion）。

批评，虽然是一个非常现代的概念，但它根植于古代哲学和最古老的佛学。学生、僧侣和信徒必须掌握这种认知和思考方式，才能具备高水平的洞察力、内省性的怀疑精神和准确的判断力，才能透过现象看到事物的本质。在评估和权衡作品价值以提供最佳的理解框架时，批评是一个必不可少的组成部分。正如西奥多·阿多诺（Theodor W.Adorno）在其著名文章《文化批评与社会》（Cultural Criticism and Society）中所说的："文化批评家对文明不满意，但只有他自己不满意。"[2] 他认为文化批评家是这个社会中"有工资又受人尊敬的麻烦"。[3] 他们的立场是不被"文化产业"所同化，而文化产业正是通过不断地将差异性变成相似性来促进消费的。阿多诺如此批评文化批评家是因为他的立场：他假装置身于他所处的文化之外。"文化批评具有盲目性。"[4] 阿多诺警告批评家不要盲目地与所批评的内容沆瀣一气。

另一位解读批评的理论家是米歇尔·福柯（Michel Foucault），他认为，"批评只存在于与自身无关的事物上：它是一种工具……它监管着一个它不想监管而且无法控制的领域。"[5] 批评与权力保持高度流动的关系，

2

试图将行使权力的条件维持在表面上，从而揭示它们的本来面目，即神话和意识形态结构。如果说批评不可能完全客观，它也仍是一个自我意识到自身脆弱性的过程，这能够显露出批评系统的缺陷和劣势。

在哲学中，批评是一个古老的概念，但在艺术中，批评具有超前的现代性。实际上它的现代性是基于这样一种信念，即艺术在社会中发挥作用，社会本身根据不断的重新评估处理社会政治思想，同时随着技术和思想的进步，不断地调整公众的感知偏差和矛盾。在这个意义上，现代主义艺术以法国大革命和雅克·路易·戴维（Jacques-Louis David）的作品为开端，但他的作品只在修辞学意义上反映了公众的意志、美德和愿景。这并不是贬损前代的艺术，它们同样具有隐晦的讽刺性和含蓄的寓言性。但是直到 19 世纪末，音乐和文学等艺术才公开地承担社会责任，并尝试影响社会思潮。比如，贝多芬（Beethoven）最初为了拿破仑的革命英雄气概而创作的《英雄交响曲》（Eroica，1804）（后来贝多芬改变了他的想法）；再如热里科（Géricault）的《美杜莎之筏》（Raft of the Medusa，1818-1819），这幅画通过艺术夸张和视觉表现的手法刻画了波旁王朝复辟后因贵族裙带关系而产生的灾难性后果；还有戈雅（Goya）的《战争的灾难》（Disasters of War，1810-1820），这组令人痛心的作品令观众目睹了拿破仑统治下西班牙人的毁灭。所有这些作品在一个世纪之前根本不可能存在，因为那时的一切评论都是含蓄而隐晦的，公众也不可能接受这些作品所传达的信息。但如今，这样的作品自觉地融入社会思潮之中，并且以各种方式触动大众的眼泪。

这一系列尝试的成功具有非凡的意义，20 世纪众多的艺术创新和美学重塑反映了一个日益多样化和进步的世界，大众对艺术的责任和义务也有了更为多元而深刻的理解。人们仍在试图为大众提供更易于理解的观看形式，并且潜移默化地传递观点，对整个世界产生影响。其中，后现代主义便是现代主义去掉乌托邦天使面孔后的回归。现代主义之后的艺术仍然热衷于批评，其形式具有两个特点，一是明显的地域性，二是日趋多元化，更为强调文化身份和性别政治。但是，经过了20世纪80年代的经济繁荣和崩溃之后，在90年代艺术逐步与媒介相结合，在此基础上对普罗大众形成了广泛的吸引力。这种吸引力也成了艺术世界的基石——因此朱利安·斯托拉布拉斯（Julian Stallabrass）提出了"艺术小品"（High Art Lite）这个词来描述"年轻英国艺术家"(yBas, Young British Artists)[6] 的审美观。这种趋势与经济理性主义者的理解框架紧密相连，这套理解框架强调增强亲切感和受众参与度以确保较高的浏览量，而展览的票房收入也成为衡量展览成功与否的主要标准。艺术批评的缓慢消亡创造了一种气氛：艺术逐渐成为一种娱乐形式，它不再纯净，而更具有广泛的吸引力，其模式与时装业呈现出惊人的相似性。[7] 2002年，著名艺术史学家 T.J. 克拉克 (T. J. Clark) 提出了这样的问题：

> 视觉艺术不是正在直接且义无反顾地成为影像产品的一部分吗？这不正是人们注意到视觉艺术和时装业之间的分界线已经消失的真正意义吗？［翻阅《帕克特》(Parkett) 和《艺术论坛》(Artforum)，能残酷而直接地确认这一事实］不仅视觉艺术消失了，甚至连艺术都不复存在了。[8]

从千禧年克拉克写下这些疑问开始，关于艺术作品和艺术批评隐晦

4

特点的讨论就一直备受关注。十年后，哈尔·福斯特（Hal Foster）撰写文章为这个"后批判"（Post-Critical）[9]的时代高奏挽歌，而年轻的纽约艺术评论家大卫·吉尔斯（David Geers）为当代艺术创造了"新现代"（Neo-Modern）这个术语，完全不考虑任何批判性的反思或历史的合理性。艺术转向注重外观，某些设计和风格"被具有特殊商业形式的艺术世界束缚，相当于好莱坞和异国市场［例如，高古轩（Gagosian）画廊里正在出售马克·纽森（Marc Newson）设计的快艇]"。[10]新形式主义是对阿多诺所倡导的"自主艺术"（autonomous art）的无情嘲讽，因为它"用一根脐带绑住"了这一奇观。[11]而 2000 年美学家马里奥·佩尔尼奥拉（Mario Perniola）将"当下的艺术"（current art）描述为"白痴和辉煌"，这是艺术与表象的紧密结合，区域艺术与现实的割裂。矛盾的是，艺术的现代主义中的抽象化和非事实化活动试图找寻更深层次的自我和世界，可"如今的现实主义"要么是支离破碎的幻想，要么是"评论和广告"式的庸俗。[12]佩尔尼奥拉预示了吉尔斯的论断，他认为"理论的零度导致普遍的扁平化，如今极端现实主义恰恰提出了这样一种主张，即在没有任何调解的情况下显示存在"。艺术与知识的结合似乎比现代主义全盛时期更加脆弱和武断，因为，正如这些作家所暗示的，现在的艺术仅仅是呈现表征或反映艺术日益衰弱的内涵，成为知识精英们商品游戏中奢侈的棋子。

然而，艺术终结论绝不是一个假象或者历史决定论的观点（例如，黑格尔意义上的艺术终结和 20 世纪 80 年代艺术的尾声），也不再是一个掷地有声的议题或有趣的论点。"好"艺术在哪里出现不再是被关注的重点。它真正要关注的现象是，如果将近期主流艺术批评的变迁与时尚的命运作一个对比研究，那么我们就会在这种对比中感受到，一种全新的时尚潮流、设计方法和舞台艺术（时装表演）正在崛起，强调了过去艺术的批判性品质，具有可观的重要性和影响力，这就是时尚批评。在某些时尚物品、风格和倾向当中（并非所有时尚）都有一个可识别的空间，文化批评在这个空间中得以生存，这种空间一直存在于优秀的艺术作品中。我们可以说，艺术批判性活跃度的逐步衰退并不是无序的，而是逐步进入了时尚的空间，这一空间至今仍然没有引起大多数艺术评论家、时尚理论家和历史学家的关注。造成这种状况的原因很简单，那就是时尚在艺术研究领域或艺术圈并没有得到广泛的重视，但也没有因为那些老生常谈的理由（时尚不具备恒常性、经典性等）而被抛弃。

时尚和服饰一直是地位和财富的标志。在现代生活中，就像在法国大革命中一样，它们仍旧是向新秩序表达归属和忠诚的重要标志之一（也是反对旧秩序的标志）。这意味着时尚和服饰的功能并不是时尚批评，而时尚批评则认为时尚中地位和财富的意义被扭曲、夸大了，显得尤为突兀、违和。

作为对比，我们可以利用"密封时尚"（hermetic fashion）的概念来讨论一下什么不是批评时尚。密封时尚往往被用来规避经典时尚的价值取向。经典时尚是颇有历史的一个概念，它既是一个商业术语，又是一个与异性恋话语霸权相关的表述。[13] 相对于经典时尚而言，密封时尚的特点是实用和低调：T恤、西服、黑色连衣裙——所有这些都是密封时尚的样本，它强调在行动和形象上突出人自身。正如我们刚刚所说，经典时尚的价值基础因温克尔曼（Winckelmann）的同性恋主义而有所动摇。具有讽刺意味的是，密封时尚的首倡者居然是博·布鲁梅尔[1]（Beau Brummell），他除去了服装上不必要的褶皱并强调服装的裁剪式样和完成度。布鲁梅尔也是批评时尚（或者说反时尚）概念的先驱，批评时尚的概念引入了一种全新的自我认知逻辑，不再把衣着当作自己身份地位的标志。然而布鲁梅尔的作品最终被纳入了规范的经典样式。但是通过区分，我们发现批评时尚非常独特，有时候也很古怪，甚至可以和雕塑这种艺术形式进行类比。但批评时尚并不局限于这些特质，后续我们还会继续介绍，它是通过某种方式挑战性别秩序对传统时尚攻城略地。

韦斯特伍德和麦克拉伦的例子是新型时尚的代表之一，它以类似于艺术的方式表达自我，而紧随其后的设计师们在不同的文化环境中进行实践，效仿韦斯特伍德发展为时尚偶像和独立机构。20 世纪 70 年代是一个极端的艺术实验时期，艺术的边界不断被突破。此外，麦克拉伦汲取灵感的"情境主义"并非严格意义上的艺术运动，那更像是一种对抗社会的战略。他们所采取的漂移（dérive）和挪用（détournement）的方法与其说是为了故意干预社会领域——尽管这是可以理解的副产品——不如说是在社会意识的层面制造了裂痕，打破了商品和市场的死气沉沉。与此同时，欧洲和美国的艺术家正在积极地尝试将艺术融入外部世界，或者超脱出画廊的界限。简言之，艺术正在寻求成为空间或存在于空间之中，以数百年来前所未有的方式存在。

虽然在大家的理解中，时尚界仍然沉浸在"风格"和"时髦"之中，但其实在时尚界还有一种新的设计模式。这种模式在很多时候看起

---

[1]　因为布鲁梅尔过去以奢华和考究而闻名。——译者注

来都很离谱，但它却在复杂的评论形式中展示了强大的生命力。虽然必须承认现代主义中的时尚存在批判性和破坏性的维度，但这些都只是规范形式的偏转而已。例如 Dandy 风格和波希米亚风格，朋克风格和虐恋（BDSM）风格，或者是与殖民主义有着复杂关系的跨国和跨文化风格[14]时尚，等等。亚文化也是如此，其风格呈现往往与主流文化存在时间和地域的裂痕。然而现在，这些文化类型已经被时尚产业吸收，作为一种修辞：亚文化风格是时尚语言的一部分，它不只是一种亚文化，更被归类为一种时尚语言的表达模式。例如，朋克风格可以说已经耗尽了它的越轨效应，而转变为一组视觉记录，这些视觉记录更多的是关于越轨行为而非朋克本身。[15]通过将风格中的文化姿态简化为一个符号、行为，甚至使之成为另一个符号，那些最初具有越轨性和表现力的风格通常都会叛变他们所具备的震撼性和潜力。这种评判虽然在一定层面上有效，但却局限于艺术或时尚领域。因为它是政治和资本全球化时代的地方病，这个时代其实也就是所谓的"后民主"时代，[16]或者米歇尔·马费索利（Michel Maffesoli）早先所描述的"部落时代"（the time of the tribes）。[17]在现代拓扑学中，当下的生活是没有外部的，就像对学院来说不存在先锋性。因此，即使是"反时尚"，也不在时尚系统之外，而是时尚系统的一个子类型。虽然这种结构性的爆炸可能危害艺术，但它对时尚来说可能是有益的。犬儒主义（Cynicism）是一个针对当代艺术的词，但同样不能形容当代时尚。20 世纪 80 年代艺术批评的危机源于人们认识到主流艺术不再存在可行的"外部批评"（切实的或者神话的）。如果艺术中的批判性叙事对外部事物保持一种浓烈的怀旧情绪，那么对于长期以来一直与商品和系统和平相处的时尚领域而言，批判性评论将会在该体系中保持自觉而活跃的参与。我们可能会看到像韦斯特伍德这样的设计师和朋克等亚文化风格，它们不热衷于模仿、拒斥传统规范，呈现出另一种不同的状态：亚文化风格只是物质交流的进化过程的第一阶段，其最后阶段则呈现为内在蕴藏着种族和性别文化隐喻的风格集合。

在这方面，本书所创造和构想的批评时尚，是一个具有历史时期性的概念。它具有一些关键的前因，即夏帕瑞丽（Schiaparelli）与达利（Dalì）的合作，或伊夫·圣罗兰（Yves Saint Laurent）对蒙德里安（Mondrian）激进的挪用，等等。这些案例通常用于艺术和时尚的交叉领域，而批评时尚在批评和文化实践中开拓了一个新的历史空间，这个空间中包含了这些交叉。批评时尚是时装业的一个分支，在某些时装设计师的作品、时装系列、时装秀和时尚电影等展示方式中都有不同程度的体现。

本书由各个设计师的个案研究组成，他们的作品都为时尚批评提供了概念界定和方向引领。但本书并不是一份完整的名单，当中有不少遗珠，特别是近年来颇受关注的马吉拉（Margiela）、卡拉扬（Chalayan）和麦昆（McQueen）几位设计师。之所以未将他们纳入是基于一个简单的逻辑，他们的工作已经受到了太大的重视，关于他们的研究可以作为本书的重要支持，也可作为本书的序曲。韦斯特伍德和川久保玲（Kawakubo）等设计师受到的批评和关注和以上几位大体相仿，但他们对于构建具有关键理论坐标点的理解框架非常重要：川久保玲关注服装结构的创新，韦斯特伍德则凸显了政治和反抗的作用。它们是两副互补的面孔：川久保玲的创新之处在于服装本身，而韦斯特伍德的创新之处在于服装之外的无形之物。

本书从韦斯特伍德和川久保玲切入后，将继续分析麦昆的弟子加勒斯·普（Gareth Pugh），他继承了麦昆的极端品位，其作品中总有一丝危险的味道。此后，关于缪西娅·普拉达（Miuccia Prada）的章节呼应了前三部分，尽管她试图颠覆传统的审美规范，但总体上普拉达仍然吸收了不同的美学观点。第五章考察了埃托尔·斯隆普（Aitor Throup）的"解剖叙事"（anatomical narratives）。斯隆普认为自己是一个艺术家，他的副产品恰好是时尚产品，他以传统的青铜雕像铸造方式接近人体，但是他认为身体部分并不属于整体。也就是说，身体不是一个肢体到躯干的集合，而是由抽象单位最终凝聚而成的总体。当外推到设计领域时，这种观点对于身体和主体性的关系具有特殊影响。随后一章介绍了权威的维果罗夫（Viktor & Rolf），他们的作品以观念主义、艺术装置为核心，同时涉及一些抽象概念，如否定和虚空。第七章提及一位年轻的设计师拉德·胡拉尼（Rad Hourani），其核心重点是性别的"不可知论"（agnosticism），以及目前在某种程度上确立的不区分性别的时尚分支，即通常所说的中性。瑞克·欧文斯（Rick Owens）回到了性别问题上，基于走秀表演的奢华程度，第八章探讨了其时装系列和走秀与性别建构的关系。最后一章针对华特·范·贝伦东克（Walter van Beirendonck）展开，在重申性别问题的同时也提及未来时尚、"后人类身体"时尚和被技术微调的身体等概念。尽管设计师们以自己的方式在各自领域里十分卓越，但可惜这一系列研究并未做到详尽而富有针对性。虽然这些研究以每一位相关设计师为例，但也以此为基础分析当今流行于时装的实践、穿着、展示、表演和消费中的当代问题。

正如标题所示，每一章都包含了与当代时尚相关的不同焦点，在这个被称为"人类世"（anthropocene）的时代中，人类的存在和活动对自然环境产生了显著的影响。这也是一个被称为"后人类"（posthuman）或"后人类主义者"（posthumanist）[18] 的时代，在这个时代，我们已经放弃甚至重新定义了从笛卡尔开始，兴盛于 18 世纪卢梭、莱辛、赫尔德和席勒的思想中的人文主义价值观。因此，这本书包含了诸如现在与未来多变的和技术化的身体、过去的阴影、不确定性和不可靠性、同性恋和性别界限的改写、现实与科幻的混淆以及混乱的生物等主题。

Dior、Valentino 这样的品牌总会占据时尚的一席之地，它们为享有特权的人提供了他们认为独属于自己的优雅和魅力的外壳。但是，现在也有了一种新型时尚的形式和实践，它将社会和哲学动机穿在袖口上，不仅以美为乐，还以其深思熟虑的大胆和无数的原创挑战为乐。批评时尚实践自觉地占据了"内在"和"外在"两个层面。它作为一种设计方法和创作态度，提出了关于这个世界的历史与欲望的重要思考。

1

Vivienne Westwood's unruly resistance

维维安·韦斯特伍德的
任性抵抗

　　20 世纪 60 年代，维维安·韦斯特伍德刚成年之时，时尚和服饰正在经历巨大变化。萧条和抑郁的战后英格兰充斥着美国流行文化，包括吉米·迪恩（Jimmy Dean）、摇滚乐和年轻人表达的新态度等。英国亚文化以其独特的方式捕捉了这一影响，最初产生了泰迪男孩（Teddy Boys）和爱德华式的花花公子（Edwardian dandies），然后是摩斯族（mods）和朋克（punks）。韦斯特伍德并不像大多数设计师一样在疏离中汲取灵感，她处于亚文化风格的中心，与新浪潮和朋克保持距离。她和她的男朋友马尔科姆·麦克拉伦都认为他们所做的事情和艺术没有区别。从一开始，韦斯特伍德的作品就是激进主义的载体，带给波希米亚人、不合群的人、异端分子和反抗者更为广阔的世界观和结伴而行的艺术氛围。虽然韦斯特伍德最早的时装系列相当随性且多为 DIY，但是她将随性和 DIY 之美外化为一个实体，并且向人们展示了时装和服饰如何融入高度政治化的世界。

在韦斯特伍德之前，时尚在很大程度上由财富多少和阶级高低定义和引导。时尚需要金钱铸就，风格依据设计、材质和做工的质量衡量。这些标准同文化共生共长：服饰从古至今都是财富和地位的象征。奢侈是维持社会分化的有力手段，它能够确保某些社会准则不被侵犯。但随着韦斯特伍德和朋克风格的扩散，传统的质量观念被粉碎。品质低劣或者说低品质审美第一次进入人们的视野，成为挑战传统财富、阶级和地位的服饰观念的思想载体。这也意味着时尚被赋予了从未有过的自主权，即意向性和象征性的价值，这并不轻率和粗暴，而是慷慨激昂的。通常，尽管时尚具有区分性，但它仍是一种整合形式，然而韦斯特伍德将时尚视为一种质疑自我和社会信仰的社会机制。朋克时装也是此类时尚的首倡者——去掉盔甲和其他前现代军事服饰特点——使用了一种对自我和社会同样残酷的视觉语法。如果说束衣作为一种内在的束缚曾经折磨了女人几百年，那么朋克的痛苦则是通向外在的。这种痛苦更指向后现代状态，它们不仅仅是混乱内心的外在表现，更暴露了社会的倦怠，反映了社会的丑陋。

20 世纪 70 年代韦斯特伍德和麦克拉伦的合作关系同朋克的诞生一起被写入历史，他们甚至被误认为是朋克的发明者。虽然这有一定的偏差，但他们的影响力是不可估量的。他们的合作和概念商店使朋克风格成为一个特殊的重心，高辨识度的外观带来了连锁效应和诸多客户，客户中的许多知名人士也将朋克风格推广到了不同的领域。[1] 在这个艺术创新必须伴随抗议，既有的权力结构、体制和规则被彻底推翻重建的时代，韦斯特伍德是一个分水岭式的人物。罗杰·沃特斯（Roger Waters）在平克·弗洛伊德（Pink Floyd）乐队的专辑《最后一幕》（*The Final Cut*，1983）中曾经提出了著名的问题："战后的梦想究竟遭遇了什么？"其实这个梦想也是韦斯特伍德想要实现的。如果仍然要思考这个问题，那么我认为这个梦想一直留存到今天的时尚领域中，人们仍然试图通过打破服饰传统，实现时尚的精神民主化。在韦斯特伍德作为设计师的 20 世纪 70、80 年代，用卢卡·比阿特丽斯（Luca Beatrice）的话说，"时尚，还不能完全作为艺术来批评，因为它处于摆脱意识形态枷锁的初级阶段。时尚是思想、想象和解决方案的特殊储备基地"。[2] 韦斯特伍德是一位重要的人物，她改变了亚文化风格仅仅作为有争议的抽象状态（衣着穷酸简陋）的看法，使得亚文化风格在所有的时尚领域（无论高端低端）都能发挥重要作用。如今亚文化风格不再仅仅是所谓的"好着装"中比较破落的那一类，而是以一种新的"自主性"的外观拥抱了"他者"的本质和理念。以韦斯特伍德为核心的亚文化风格转变，不仅注意到了人们对阶级和服装的一贯态度，也为理解身体提供了更多的选择，比如在性别差异方面打破了基于传统性别观念的秩序。不仅在形式层面上，朋克也在历史层面上产生了一种断裂性，这是对历史和传统的根本性突破。综上所述，离开与回归之间的波动是韦斯特伍德作品中的一个典型特征，这一动态将引发人们关注时尚的当下和未来之间的断裂性，以及时尚在过去对当代的影响、当代对过去的重塑等方面的影响。

情境主义
●●●●●●●●

在试图采取和传播另一种看待世界方法的过程中，情境主义将艺术与特殊的政治活动形式结合在一起。这种政治活动受到了"二战"前达达主义和超现实主义的启发。韦斯特伍德遇到麦克拉伦时，麦克拉伦还是一个被"情境主义"的魔咒深深吸引的艺术生，这个魔咒对他们的未来产生了显著影响。从 1957 年开始，在情境主义领袖居伊·德波（Guy Debord）的带领下，情境主义成为马克思主义者反对和破坏先进资本主义发展的一种形式。在《景观社会》（*Society of the Spectacle*，1967）这部后来成为"情境主义国际"（Situationist International）核心思想的专著中，德波描述了资本主义的力量是如何麻痹群众，使群众逐渐远离大众文化的本质，并对其潜在动机一无所知的。就像他的书名所表达的那样——其本意是成为一份政治檄文，因而是公共版权——社会是被一系列影像所支配的。作为观众，人们没有勇气采取行动挑战现状。

情境学家设计了名为"漂移"的干预措施，作为对抗资本主义强加给人们的错觉的一种手段。"漂移"融合了政治干预和艺术再现，学者希望能够以此将人们从昏睡中唤醒，从而促使他们对世界的看法发生动摇、转向甚至根本的转变。麦克拉伦采取的方法是利用图形图像和媒体进行声明和拼贴［韦斯特伍德后来撰写了《积极抵制宣传》（*Active Resistance to propaganda*），我们将在本章后面进行讨论］，这让人联想到韦斯特伍德和麦克拉伦早期的 T 恤设计和口号，这些设计和口号直接

16

传达了其对英国政府和君主制的反叛，如"英国无政府状态"（Anarchy in the U.K.）或"上帝拯救女王"（God Save the Queen），在伊丽莎白二世肖像的鼻子上加安全别针，或者"创造地狱然后从中逃脱"（Create Hell and Get Away with It）（附图 1）。

定制的黑色 T 恤由手工印制，并通过撕裂、打结、钻孔、卷起或缝合袖子进行重新设计，显得异常破旧。这些 T 恤上印着煮鸡骨头，绣着经过精雕细琢的文字，有些写着"摇滚"（rock），有些则是"他妈的"（fuck）或者"变态"（perv）等字眼。"Beeza" T 恤上镶嵌着黄铜铆钉和金属零件，袖子上装饰着自行车轮胎。在那个时代，狂热时尚或反时尚都会受到性别和政治的影响。这是持不同政见的标志，也是韦斯特伍德作为设计师创作作品的开始，她通过设计服装来撼动传统的政治和性别秩序。"吸烟男孩"（The Smoking Boy）T 恤上描绘了几个年轻男孩吸烟的画面；而"剑桥强奸犯"（Cambridge Rapist）T 恤更具有煽动性，上面印着一个皮革面具并写着"一夜狂欢"（IT's been a Hard Day's Night）；然而，引起警方注意的是"两个裸体牛仔"（Two Naked Cowboys）T 恤，T 恤上两个同性恋牛仔站在一起，阴茎相互接触。韦斯特伍德和麦克拉伦因此被逮捕，并被控"向公众展示粗俗作品"，被分别处以 50 英镑的罚款，而他们则穿着裸体牛仔 T 恤站上了法庭，表达了赤裸的轻蔑。麦克拉伦和韦斯特伍德受到了情境主义艺术态度的影响，始终拒绝作品的整洁和严肃。在更开放的政治方面，情境主义认为艺术是社会动乱的促进者，但绝不是为了艺术本身。麦克拉伦和韦斯特伍德的 T 恤上经常印有纳粹的"卐"党徽，他们使用这些符号来打击右翼政治。"毁灭"（Destroy）T 恤刻画了一张印有纳粹"卐"字记号、倒置基督和断头女王的邮票。

情境主义吸引麦克拉伦和韦斯特伍德的另一个方面可能就是它的集体属性以及它将艺术作为一种交流、分享、合作和社会扩张工具的艺术观。在 1968 年 5 月发生在巴黎和其他地区的暴动中，情境主义对基层活动和左派政治的态度发挥了重要作用。这些都培养了麦克拉伦的敏锐性。麦克拉伦被情境主义的主张吸引，他想用波德莱尔的名言来激怒资产阶级。对麦克拉伦而言，他从未过多考虑这些政治活动的影响，而只是因为受到了情境主义的震撼。麦克拉伦和韦斯特伍德的 T 恤衫冒犯了传统英国中产阶级的品位，抗议了霸权统治，并创造了反政府的形象和图案。情境主义特有的边界不稳定性、派别流动性也非常适合麦克拉伦和韦斯特伍德的敏感思维。当然，他们的第一家时装店"尽情摇滚"（Let it Rock）正是如此，这家店是从 1971 年他们在英皇大道 430 号修建的违规建筑一步步发展而来的。

"尽情摇滚""活得太快，死得太早"
"性""煽动者""世界尽头"

"尽情摇滚"这家店在一系列发展演变的初期只能大致称之为商店或者精品店，在今天的策展术语中更多地指向艺术实验室的性质。艺术、时尚、表演、音乐等元素以一种不断变化、永无止息的方式在此结合。就像麦克拉伦颇露锋芒宣称的那样："音乐和艺术结合之处即为时尚……创造服装就像跳进一幅画的音乐结尾，430 号是我艺术工作室的自然延伸。"[3] 他将韦斯特伍德排除在这个等式之外，这为他们后来的合作蒙上了一层阴影，韦斯特伍德的许多技能，从平面艺术到手工艺以及处事方式，都为麦克拉伦的创意注入了持久的动力。用韦斯特伍德自己的话说，"我始终期待一个意想不到的魅力时刻，我终于在英皇大道 430 号找到了（插图 1）。在这个世界尽头的黑洞里，我改变了我的人生，'天堂车库'（Paradise Garage）'尽情摇滚''活得太快，死得太早'（Too Fast to Live，Too Young to Die）——我做的衣服看起来像一片残骸，通过摧毁旧的东西，我创造了新的存在。这并不是一种商品的时尚，而是观念的时尚。"[4]

随着韦斯特伍德关于时尚的思想和兴趣的变化，时装店的名称和内容也发生了变化。20 世纪 60 年代，当迷幻色彩和流动图案织物主导嬉皮士运动时，韦斯特伍德和麦克拉伦对反叛性产生了兴趣，尤其是摇滚乐（这种风格受到了 20 世纪 50 年代的时装和音乐的影响）。把服装店命名为"尽情摇滚"后，他们开始为亚文化的泰迪男孩制作服装。以花花公子和爱德华主义者的风格为代表，韦斯特伍德设计了类似于战后美国动物园套装的锥形裤子、背心和长夹克。到了 1972 年，两人的兴趣已经转向摩托车骑手的服装：皮夹克、带扣和拉链。这家时装店改头换面，改名为"活得太快，死得太早"（简称 TFTLTYTD），以示对已故演员詹姆斯·迪恩（James Dean）的尊重。性和死亡的审美倾向萌生了一种观念，即时装店与妓院关系密切，因为当时许多客户的身份是性工作者。除了前面提到的，光顾时装店的客人还包括伊基·波普（Iggy Pop）、詹姆斯·威廉森（James Williamson）和吉米·佩奇（Jimmy Page）。该店吸引了年轻的肯·罗素（Ken Russell）的注意，他委托二人为电影《马勒》（Mahler，1974）的重头戏设计一套戏服。为此，韦斯特伍德和麦克拉伦设计了一套皮制的性虐套装，衣服的胯部有闪光的纳粹党徽和基督图案，最后配上纳粹的头盔和鞭子。这是主流文化中最先将奴役和性虐（BDSM）风格与纳粹制服联系起来的例子之一。

到了 1974 年，这家时装店被重新命名为"性"，在覆满涂鸦的店面上，四英尺长的亮粉色字体写着"办公室用橡胶服装"（Rubber wear for the office）的标语。如果说他们此前的越轨行为被怀疑涉及卖淫，"性"的装饰则激起了更多争议。时装店室内喷满了露骨的涂鸦，挂着橡胶做的窗帘，还摆满了恋物癖的道具和其他种类的性爱玩具，还有当时的招牌时装。正是这种持续的流行让韦斯特伍德对极端路线更有信心："我穿的所有衣服都令人震惊，穿着这些衣服我感觉自己如同来自其他星球的公主。"[5] 这种效果不仅源于不同程度的粗暴和挑衅，还因为这些衣服要么太小要么太大，他们刻意地调整衣服的尺寸以强调穿着的效果。换句话说，着装总是随心所欲的，它原本应该是文化和选择的产物，而这种选择抛开了惯常的逻辑，呈现出非传统的状态。

他们的设计还亵渎了传统的服装类型和规范：将女学生制服与恋物癖装扮等低俗的服饰搭配在一起。最初和麦克拉伦在一起时，韦斯特伍德就将她的头发做成如今被大众称为"精妙野蛮人"的发型，这是一种比大卫·鲍伊（David Bowie）的《Z 字星辰》（Ziggy Stardust）的版本更早的 Hacked 风格，同样来自"另一个星球"。用麦克拉伦的话说，黑色占统治地位是因为它代表了"谴责装饰"。[6] 几年后的 1976年，英皇大道的商店迎来新貌并更改店名叫"煽动者—英雄的服装"（Seditionaries–clothes for Heroes）。店铺的性主题逐渐趋于低调而偏向于高科技外观，他们在店中设置了明亮的橙色椅子、灰色的地毯和明亮的灯光。一面墙上挂着被炸毁的德累斯顿的巨幅照片，与皮卡迪利广场

插图 1：

流行乐队经理马尔科姆·麦克拉伦（右前）和穿着维维安·韦斯特伍德设计的"水牛"系列服装的模特们，伦敦，1983 年 2 月。摄影：戴夫·霍根（Dave Hogan）。

的照片遥相呼应。为了彻底表现被轰炸后的状态，天花板被砸开了一个洞。店铺外面的黄铜牌匾上写着："煽动者：士兵、妓女、女同志和朋克。"（Seditionaries：For soldiers，Prostitues，dykes and punks）[7] 虽然仍然有着恋物癖的长袜等配饰，但"煽动者"中的服装已经变得更加精致，它的做工并不简陋，但仍然保留着原始的气息。此时麦克拉伦正在管理朋克乐队"性手枪乐队"（The Sex Pistols），而"煽动者"服装系列反映了与朋克摇滚现象相关的手工风格：链条、筒形裤、安全别针和撕坏的 T 恤。

20 世纪 80 年代是韦斯特伍德标志性的转折点（当时她已经离开麦克拉伦），她将重点从街头服饰转移到高级定制时装，并将她的英皇大道时装店从"煽动者"改名为沿用至今的"世界尽头"（World's End），借此反映她对时尚的新立场。色情涂鸦、橡胶窗帘和恋物癖装扮消失，时装店室内被改造成海上大帆船的舱室，地板像船甲板一样倾斜，时钟挂在门口。其维多利亚风格的内饰刻画了查尔斯·狄更斯小说中的一个古玩店，挂在衣架上的服装风格并不陌生：印花编织棉衬衫、平纹细布袜、加固毛毡饰边的帽子和色彩鲜艳的丝绸腰带。韦斯特伍德的设计影响了时尚和音乐的新浪漫主义运动，开始主导流行文化。

修补术：DIY 风格的含义
• • • • • • • • • • • • • • • • • • • •

让我们回到 20 世纪 70 年代，那个朋克美学即将名声大噪的时刻。朋克风格极为粗俗、充满性暗示甚至具有原始主义倾向。但是韦斯特伍德的精巧和独创性赋予了这些物品完全不同于粗糙破布的质感 [正如我们将在下一章中看到的川久保玲对"破坏"（ruin）的特殊处理]。事实上过去从来没有人对这些丑陋的服装投入过如此多的关注和热爱。但是对他们而言，反对过去即为王道。

从某种意义上说，香奈儿（Chanel）和伊夫·圣罗兰等设计师也在努力地让时尚向下层流动，他们将底层阶级的特点（亚文化和粗糙工艺）直接引入高级时装。然而，韦斯特伍德的感受力不能归结于这种简单粗暴的做法。相反，她提出了一个全新尝试，让破洞、绽线、孔洞和锯齿在时尚中占有一席之地。这种用自己的手重新读取材料的过程，在法语中被称为"修补术"（bricolage），现在被广泛称为"DIY"。与 DIY 一样，"修补术"与车库、厂房和五金店密切相关，但它在理论上也指向概念重新组合的深刻意涵。比如结构主义人类学家克洛德·列维-斯特劳斯（Claude Lévi-Strauss）在其著作《野性的思维》（*The Savage Mind*，1962）中，使用术语"修补术"一词来指代根据叙述者的身份和叙述环境将神话重新排序和重新诠释的方式。[8] 在对韦斯特伍德随后的研究中，德勒兹（Deleuze）和瓜塔里（Guattari）的分析进一步阐释了她的作品：

> 列维-斯特劳斯在定义"修补术"时提出了一系列与之相关的特征：修补术限制异质性的同时掌握着丰富的材料和编码，并具备将碎片融入新碎片的能力；从工具整合和完整性来看，生产和产品之间没有区别。将物品连上电路或是调整水管都是"修补术"的一种，所生发的愉悦是"爸爸妈妈"游戏或者其他犯罪游戏的快感难以匹敌的。不停地生产产品，再生产产品的附带产品，这就是欲望机器和原始生产的特征：对生产的生产。[9]

这非常接近韦斯特伍德的"时尚为理念"以及她视为思想库和设计工作室的时装店。"'世界尽头'对我的政治和文化理念来说始终是一个考验。"[10] 就如同她身上那些惊人和叛逆的信息一般，一直以来韦斯特伍德的作品语言都非常激进，它们都是进行时状态，会因地而变。它们都像是没有经过提前计划，直接在现场进行组装和设计。她的作品带有生产和劳动的痕迹与触感，并预示更多生产的来临。德勒兹和瓜塔里的生产理论一般指向朋克风格，因为它是一种没有明确开始或结束的美学，它的内涵可以随时改变。这不再是原初的服装：它已经被替换、改写、重塑并期待着另一种生活。

朋克反映了英国黑暗和动荡时代的情绪，彼时历届政府都对经济发展无能为力，国家仍然处于战后的破败之中。难以承担的债务和高额利息将通货膨胀推至历史新高，造成经济倍速衰退和大规模失业。在部分工业部门国有化和工人运动的共同作用下，英国的煤矿、造船厂和钢铁厂的生产率在欧洲垫底。这种令人不满的气氛使得亚文化乐队比以往任何时候都更加引人注目：泰德（teds）、光头仔（Skinheads）和朋克。"性手枪"乐队也成为流行文化史上最具影响力的乐队之一。受到韦斯特伍德和麦克拉伦在纽约遇见的名为"地狱"（Hell）的音乐家以及法国颓废波希米亚主义的全面启发，朋克风格变得非常粗暴、注重拼接，但这些依旧是经过精心策划的。音乐剧《英国没有未来和无政府状态》（*No Future and Anarchy in the UK*）在"盛筵不再"之时占据了一席之地，20世纪 60 年代无忧无虑的梦想被 70 年代严酷的经济现实敲碎。在这个关键时期，伯明翰大学当代文化研究中心（CCCS）出现了一群公共知识分子，他们的研究重点是"当代"，即青年文化、电视和广告。由斯图尔特·霍尔（Stuart Hall）主导，这些知识分子包括文化和种族理论家保罗·吉尔罗伊 (Paul Gilroy)，研究消费主义、流行文化和女权主义的安吉拉·默克罗比（Angela McRobbie）以及对新兴的英国青年文化感兴趣的迪克·赫伯迪格（Dick Hebdige）。

赫伯迪格的开创性著作《亚文化：风格的意义》（Subculture:The Meaning of Style，1979）融合了罗兰·巴特审视文化传播方式的符号学视角、路易斯·阿尔都塞（Louis Althusser）的意识形态理论、列维 - 斯特劳斯的"修补术"概念、以及葛兰西的遇合（conjuncture）和历史特定性（specificity）概念。根据赫伯迪格的说法，亚文化塑造了社群和象征符号，它不是完全由年龄和阶级决定的，需要依托于创造风格表达自我。这些风格是在特定的历史和文化的"遇合"中产生的，不仅被视为抵制霸权的手段，更通过拼贴修补的风格试图从现存的物质文化中构建主体身份。这些身份在社会秩序中提供了一种因阶级和代际差异分裂而出的"相对自主性"（relative autonomy）。赫伯迪格认为，亚文化身份是基于共同的价值观而形成的：行话、音乐和服装风格都是充满意义和符号的行为活动，它们通过将符号与文化系统关联颠覆阶级秩序。"修补术"通过重新排序和拼贴连接产生新的意义，赫伯迪格将其理解为像亚文化风格一样叛逆的侵略行为。赫伯迪格用大篇幅研究了朋克风格［也包括泰德（Teds）和拉斯特法里（Rastafarianism）等其他亚文化案例］，他认为朋克风格是英国经济和社会衰落的视觉戏剧化，是愤怒和挫折的表现。朋克是一种"反叛的风格"，乖张的服装和配饰、"莫霍克"发型、安全别针、涂鸦 T 恤以及恋物癖和束缚装，它在各个层面都象征着失序。通过令人反感的语言、无政府主义的音乐和服装，朋克"不仅扰乱了衣柜，也破坏了与之相关的论述"。[11] 朋克将时尚、图形和行为作为挑战主流意识形态和资本主义的策略，是一场视觉和社会的革命。

朋克及其后：当代时尚的本体论

"煽动者"所认同的"士兵、妓女、女同志和朋克"是朋克哲学的特色，它在破坏社会习俗的过程中倡导性行为的新方向。性别的刻板印象受到重击，虽然人们可以接受具有一定反叛性的男性朋克概念，但是我们更多面对的是更具反叛性的身着女装、蓄着别致胡须、浑身上下镶满铆钉、涂抹黑色浓妆的男性形象。克雷格·奥哈拉（Craig O'Hara）在《朋克哲学》（the philosophy of Punk）中指出，虽然朋克社群中的性别歧视远未消失，但由于女性在朋克诞生期的重要作用，性别歧视并不严重。[12] 女朋克宣称男性"不会得逞"，并且抵制强加给她们的刻板印象。[13] 朋克并不像泰德或摇滚乐队风格，正如克莱尔·威尔考克斯（Clair Wilcox）所说："让女性独立穿着。"[14] 韦斯特伍德作为朋克的主要先驱，在这方面是一位杰出的典范，她的个性更是远远超出朋克大胆的边界。

和"煽动者"不谋而合的是朋克杂志《嗅胶》（Sniffin' Glue），它的主要内容是介绍一些朋克团体，比如麦克拉伦担任经理的性手枪乐队。杂志的创办者马克·派瑞（Mark Perry）后来介绍："加入性手枪乐队是在选择一种生活方式，这就是它的戏剧性所在。"[15] 鼎盛时期的朋克是一种"接受或叛逆"的生活方式和态度。在当下的艺术实践和韦斯特伍德的后期作品中，朋克风格都作为时装表层符号的一部分出现，这源于表层同自我和哲学的无缝融合。朋克风格涉及各种妆饰、发饰和配饰，比如铆钉、戒指和古怪的文身。这些装饰非常狂热原始，好像是在特定的群落或实践中发起的，使人彻底改变。这种朋克实践是反实践的，其核心是解构的，具有分裂性和毁灭性。它极为强烈并驱使人们走向疯狂甚至死亡。它不得不如此强烈，因为这种势头难以长时间维持（1977年派瑞在第144期后停止发行该杂志）。当韦斯特伍德推出她的第一个主系列"海盗"（1981年秋冬）时，朋克已经成为一种裹挟着极端暴力的既定印象了，更像是一种远离现实生活的神话般的亢奋精神状态。

朋克风格的存在形式不仅是一系列可识别的符号——铆钉、戒指和链条，还有对剪裁规范的挑战。另一个特质则是混搭，最简单的DIY方法就是将不匹配的东西混搭在一起。[16] 莫妮卡·斯克拉（Monica Sklar）在《朋克风格》（Punk Style）一书中提出了朋克审美维度的划分方式：对立形状、图案（格子呢）和图标（如徽章）、颜色（尽管它以黑色为主）和纹理。她的"朋克风格组成部分"强调了独特性/DIY/复古、痛苦的服装、身体修饰、前卫的头发、特殊的配饰、运动休闲（如滑板）、鞋子、靴子以及有争议性的表现方式。[17] 朋克也可以被视为后现代化的个性化服装风格的一部分，[18] 伴随着这些服装逐步进入社交场合面对众人，朋克互动社区也建立起来，成为亚文化社区的一部分。[19]

朋克的社会历史政治分析实际上是基于其对于社会的不满，这是不言自明的。但朋克的内在具有历史主义特质，它重新利用或构建旧的视觉符号，创造一种过去永不再回的强烈哀悼感。朋克对旧视觉符号的搬用并不是为了怀旧，如果说它们不是亵渎或诋毁过去的话，那么它们就是希望在观众心中激发起过去的意识、回想起可供二次创作的遗骸和碎片。因此，朋克揭示了当代时尚的基本命题，即不断改变自己的参照物以适应当下。如果有怀旧之情，它就像一个与实际感觉相反的标志。朋克将时尚视为一个无穷无尽的遇合，它需要一个基本框架和古典风格的神话，但也需要被扭曲、背叛、引用或重组。毕竟，朋克政治的根源很基础——反叛权威。如今，当朋克不再具有震撼价值并进入时尚界的褶皱中时，这种反权威主义也被托付给过去。但是，这本书的论点并非是像朋克这样的风格的衰落。朋克在很多方面企图冲淡历史痕迹，但又像所有被遗忘的哲学一样，拥有自我枯竭和自我毁灭的种子。（韦斯特伍德："我厌倦了叛逆地看待服饰——这很累，过了一段时间我开始怀疑自己。"[20]）朋克始终有着转变的内在需求，如若不然，它会沿着自我毁灭的道路蹒跚而行，而且这种自我毁灭在许多艺术风格上确实发生过。朋克的早期阶段不应该被看作单一和静止的，而是不断演化的，其含义比逆反心理和虚无主义的对抗思想更为丰富微妙。它为德勒兹和瓜塔里的论点提供了佐证，即"普遍的历史不仅是回顾性的，它是偶然的、非凡的、讽刺的和批判性的"。[21]朋克，作为一种借鉴历史的风格，现在拥有了自己的历史可以借鉴和重塑。

从某种意义上说，沃斯（Worth）时代以来的时尚，人们始终高度关注历史并或隐或现地引用历史。沃斯从 17 世纪和 18 世纪的绘画中汲取了丰富的灵感。[22]但随着朋克的出现，引用历史进入风格系统之中。它的喧嚣、傲慢和道德冲突掩盖了一种更为微妙的关系，即当代时尚的方式，从 20 世纪 80 年代起，韦斯特伍德和其他几位设计师（如下一章将要讨论的川久保玲）开始做第一个主系列，他们将历史碎片拼贴为新整体，以不同的方式投射历史碎片的图像。卡罗琳·埃文斯（Caroline Evans）和明娜·桑顿（Minna Thornton）写道，"韦斯特伍德认为时尚能不断让服饰的内涵重新焕发活力，而不是无休止地揭露内涵。当她借鉴历史时，实际上是通过颠覆历史来表达对当下意义的感受"[23]。韦斯特伍德的做法展示了真实性的脆弱本质，只有重新援引和修改神话真理，神话真理才能得到支持和维护。

20 世纪 80 年代的韦斯特伍德

尽管麦克拉伦最初的系列作品获得了认可，但他的参与程度（他已经和韦斯特伍德正式分手并且大部分时间缺席）值得商榷，并且受到其他派别的质疑。但毋庸置疑的是如果没有麦克拉伦的意见，这些早期系列作品会有所不同，然而鉴于韦斯特伍德的成就，这些作品的重要性可能会有所折损。另外，第一位将朋克展示在 T 台上的设计师不是韦斯特伍德，而是桑德拉·罗德斯（Zandra Rhodes），她制作裂口、链条和安全别针，这不是反文化运动的随意畸变，而是将韦斯特伍德的朋克概念转变为"城市游击服"（urban guerilla wear）日常时尚的剪影。[24] 韦斯特伍德并没有对此感到厌恶，因为其他朋克时装店已经开始崭露头角。虽然它有自己的特点，但朋克不是某种所有物，而更像是一种态度和过程，一个揭示的过程（产品的生产）。

韦斯特伍德的首个主系列时装秀是"海盗系列"（Pirate，1981 年秋冬），伴随着佳能之火和麦克拉伦 Bow Wow Wow 乐队的原创说唱音乐，表演在奥林匹亚中心拉开了大幕。出于情境主义的态度，麦克拉伦安排索尼作为赞助商，索尼为这场秀提供了随身听。这个想法非常简单：通过海盗系列与音乐的联系，麦克拉伦试图探讨音乐的盗版问题。事实上，麦克拉伦支持盗版，因为他认为这会降低分销公司的利润。在许多方面，韦斯特伍德与该系列的理念和历史方法论是非常契合的。条纹、腰带、烦琐衬衫、紧身胸衣、聚拢面料和新月形帽子，海盗系列以及向往浪漫主义的海盗和花花公子的余波在 20 世纪 80 年代影响深远，烙印在当时年轻人的记忆中。他们随着 MTV 的诞生迷恋上了亚当·安特（Adam Ant）的"阿帕奇"（Apache）妆容和发型，以及杜兰杜兰（Duran Duran）乐队和文化俱乐部（Culture Club）乐队的"新浪漫主义"着装风格。该系列的重要组成部分可以追溯到法国大革命时期，历史时期的审美被重塑成一种当代美学，创造了男女皆宜的服饰。将"狩猎"装与SM 风格的捆绑式皮具混搭，将男裤前面的褶皱（Codpiece）当作玫瑰花饰一样用于女装设计中，韦斯特伍德成功地创造了一种充满贵族气息的另类时尚，她并未针对资产阶级，而是指向流浪汉和被剥夺权利的无产阶级。韦斯特伍德作为狂热的历史读者和艺术观察家，重新回到了叛逆的青春期，"他们杂乱无序地带着假发、穿着外套，并在脖子上系红丝带以纪念恐怖袭击。"[25] 他们把头发剪得非常短，"a la victim"是她的"coupe sauvage"口号的变体，这些和基思·理查兹（Keith Richards）及洛·史都华（Rod Stewart）这样的摇滚乐手一起流行起来。在"海盗系列"中，韦斯特伍德虽然自觉地穿着相同主题的服装，却没有放弃朋克元素，专注于身体表面的穿戴方式，以及服装所强调和放大的身体状态、感觉和态度。

这个系列之后是"野人"（*Savage*，1982 年春夏）（附图 2）和"水牛"（Buffalo，1982/1983 年秋冬），也被称为"泥沼的怀旧"（Nostalgia of Mud）（插图 2），这是麦克拉伦和韦斯特伍德在克里斯托弗街开设的

插图 2

麦克拉伦和穿着维维安·韦斯特伍德服装的模特，"水牛"系列，伦敦，1983 年 2 月。摄影：戴维·霍根（David Hogan）。

时装店名称。该系列推出恰逢时装店的开幕和麦克拉伦与 The World's Famous Supreme Team[1] 合作的嘻哈单曲《水牛女孩》(*Buffalo Gals*)发行。这首歌曲具有唱片 / 黑胶刮擦、方块舞蹈和稳步摇摆的特点。与所有韦斯特伍德和麦克拉伦的时装店一样,"泥沼的怀旧"反映了二人的设计理念和时代风格。这家精品店摆满了泥土覆盖的立体浮雕,内部墙壁用脚手架和天花板上围绕的防水油布打造出一个考古挖掘现场。该系列本身包括多层面料和男女皆宜的繁复裙子,带有凹痕的"山"帽以及具有原始主义和拉斯特法里元素的羊皮夹克。通过在作品中重新安排和挪用"第三世界"的元素,韦斯特伍德将"民族"风格与"部落"外观相结合,唤起了源自想象中遥远土地的浪漫主义。

在当时的英国,"第三世界"相当"时尚",时装店委托印度南部的一家供应商和牛津饥荒救济委员会,[26] 同尼泊尔的志愿者合作开展项目以消除贫困。1983 年环保运动开始,设计师凯瑟琳·哈姆奈特(Katharine Hamnett)就推出了她的第一件抗议 T 恤,上面写着"选择生命""拯救雨林""全球核禁令"和"拯救鲸鱼"。T 恤作为一种积极的抗议形式引起了人们对社会政治问题的关注,他们关注时装行业内某些对自然和人类的不道德行为(血汗工厂、童工和垃圾填埋场)。作为反时尚的一种形式(注意反时尚不是时尚之外的,而是时尚内部的一个分支),T 恤是"绿色"恋物商品,为佩戴者注入与环境价值相关的视觉代码并彰显佩戴者的环保生活方式。"现在英格兰有什么有趣的东西?"麦克拉伦说,"这是一个真切让人们介入第三世界的运动,穿上非洲服饰、戴

---

[1] 创立于 1980 年代初的美国嘻哈广播节目和录音组织。——译者注

插图 3

外套［"女巫"（*Withes*）系列］，维维安·韦斯特伍德，1983/1984 年秋冬。

时尚艺术学会基金。 印第安纳波利斯艺术博物馆。

一顶多米尼加帽子，戴一些秘鲁珍珠项链，像新几内亚的部落族人一样化妆……将自己与那些已然失去的禁忌和神秘事物相连"[27]。

在这里，种族的异化得到时尚产业的重视，并受到市场需求的支撑。投资和消费"他者"促使人们将非西方群众商品化以获取统治地位。通过瓦解和两极分化文化身份，使种族成为弱者的标签，成为麦克拉伦设计过程创造的"他者"，在他的设计中"非洲服装是现实的，这种剪裁和混合的美学是韦斯特伍德的，秘鲁的珠子和多米尼加的帽子"的结合代表了那个幻想之所的想象主题。"野人"（1982年春夏）系列也如此，它包含了源自南美洲印第安人马鞍包的几何印花，结合法国外籍军团帽子和皮革连衣裙。时装表演模特展示人体彩绘，用泥浆给头发造型，好像"土著"一样。这一切都是在诠释标题——"野人"。

"水牛"系列之后是"朋克风潮"（1983年春夏），然后是"女巫"（1983年秋冬）（插图3）。他们的共同点是淡化典雅的传统、毁弃既定的风格，"流浪汉"和"朋克风潮"系列体现了这一点，它将所有被丢弃和不受欢迎的理念发展出更高级的可能性。正如埃文斯和索顿深刻指出的那样："韦斯特伍德对西方文化和工业输出的挪用和复兴，阐发了后现代时尚的主题：欧洲霸权的消亡。"[28] 她的风格也像颓废文化一样具有预言性，1987年10月后，经济危机愈演愈烈，阶级之间保守和激进的分歧越发凸显。

英伦风格的执迷："哈里斯粗花呢" "英国得当异教徒"和"英格兰狂"

"朋克，哈里斯粗花呢"（*Punk, the Harris Tweed*，1987/1988 秋冬）系列充分总结了维维安·韦斯特伍德的设计美学和她对现代时尚发展的贡献。"英国得当异教徒"（*Britain Must Go Pagan*，1988-1990）和"英格兰狂"（*Anglomania*，1993 秋冬）（附图 3）系列代表了韦斯特伍德的标志性风格，华丽的面料和传统的剪裁相结合，通过颠覆保守的着装规范解构服装的剪裁。韦斯特伍德创作的衣服以耸人听闻的"无耻"色情描述表达了反政府性。在现代主义艺术中，粗俗常与高雅相冲撞——马奈（Manet）描摹妓女而非希腊女神，毕加索（Picasso）在绘画中引入日常材料（比如，chair caning[1]）。构成主义者为工人制作服装，例如杜尚（Duchamp）的艺术品——但这种倒错在服装中呈现出另一种状态。将声名狼藉和糟糕劣质的服装提升至相反的状态，标志着金钱、道德和社会价值观的不稳定。服装引起了人们对表演的关注，并以这种方式实现不同的存在状态：服装成为让人更性感多变的关键。这与向上的流动性关系密切，因为服装作为一种表演身体的工具非常重要。正如埃文斯和桑顿所说："她认为的性感具有自主性：如果着装者认为它是性感的话，那便是性感。这是一种穿着方面的精神病，对女性具有超越性的意义。"29 就性感而言，早期朋克年代的束缚装引发了传统英国面料和剪裁的流行，它结合了从华莱士典藏馆中借鉴的洛可可风格——伟大的 18 世纪精致

[1] 指毕加索的画作《有藤椅的静物》（*Still Life With chair caning*），画作上拼贴了一张印有藤椅边的画布，它被认为是综合立体主义的开端。——译者注

装饰艺术的收藏之一——复兴了紧身胸衣、衬裙和裙撑。"哈里斯粗花呢"系列（1987 年秋冬）使用了苏格兰西部岛屿生产的手工织染布料和英国工厂生产的华达呢和针织物，结合传统的剪裁技艺进一步探索了新的可能性。在那时时装都由易于护理和穿着的面料主导，而韦斯特伍德转向棉、羊毛等天然材料，生产出类似皇室、乡村俱乐部和寄宿学校的服装。韦斯特伍德提及这个系列作品时说："我使用皇室语汇和传统的英国符号，并将其发扬光大，我利用传统来制造非正统。"[30]

韦斯特伍德随后的系列作品名为"英国得当异教徒"（1988-1990），受到古希腊风格的影响，该系列混合了法国洛可可风格和英国民族主义的象征：英国国旗、皇冠、格子呢和哈里斯粗花呢面料（附图 3）。这一系列集中体现了韦斯特伍德对戏仿[1]、性自由和英国文化传统的热爱。如果有人想要批评"塞瑟岛之旅"系列[31]（Voyage to Cythera，1988 年秋冬）的窥阴癖和物化女性，那么他可能忽略了 18 世纪是女主人（比如沙龙女主人杜德芬夫人）和女投资人（蓬巴杜夫人）的时代。蓬巴杜夫人的本名为"Poisson"，意为鱼。她最初一无所有，后来成为路易十五的情妇，最终面临法庭的审判。韦斯特伍德的后续系列是"肖像"（Portrait，1990 年秋冬），再次以华莱士典藏馆的画为基础。用威尔科特斯（Wilcox）的话说："成熟的模特身着华丽的服装，踏着 10 英寸的松糕鞋，像被放在一个基座上，韦斯特伍德希望让她们看上去像从画中走出。"[32]她混合了各种面料、纹理和图案，构建起如梦似幻的壮丽景观。"在'盛装打扮'中复兴历史风格和意象。"[33]

---

[1] 原文是 parody，指滑稽夸张的模仿，即口语中的"恶搞"。

20 世纪 90 年代，在历经了 20 世纪 70 年代的动荡和 80 年代保守派撒切尔政府的紧缩经济政策后，英国的工业私有化和市场自由化得到了促进，面临创新和经济复苏的英国需要改变，开始努力寻找一种认同感。它需要一个新的民族性格，以重现伦敦作为全球时尚文化重心的"摇摆的 60 年代"（Swinging sixties），那个充满了乐观、享乐主义和文化变革的美好时代。为了重建美好时代，给人民带来信心，托尼·布莱尔（Tony Blair）领导的工党政府创造了"酷不列颠"（Cool Britannia）一词并试图再现 20 世纪 60 年代的神话，这带来了艺术的文化复兴。"明星厨师"杰米·奥利弗（Jamie Oliver）和奈杰尔·劳森（Nigella Lawson）改变了单调的英国口味，再创了全国的美食。英国辣妹组合（Spice Girls）和绿洲乐队（Oasis）占领了音乐排行榜，艺术家达米恩·赫斯特（Damien Hirst）获得著名的特纳奖提名。维维安·韦斯特伍德在时装设计师小圈子之中获得了名声，圈中闻名的还有亚历山大·麦昆（Alexander McQueen），他富有争议性地使用大胆挑衅的时装表演，赢得了国际声誉。麦昆痴迷于死亡和暴力：譬如"高地强暴"系列（*Highland Rape* 1995 年秋 / 冬），韦斯特伍德使用衬垫胸围和金属笼胸衣的"色情地带"系列（*Erotic Zones*，1995 年春夏）也是如此。韦斯特伍德被评为英国年度设计师（1991 年，1993 年），并因其对时尚的贡献而于 1992 年被授予大英帝国勋章（OBE）。韦斯特伍德从伊丽莎白二世手中接过勋章之后，从荧屏女星玛丽莲·梦露（Marilyn Monroe）的书中取出了一页，她转头掀起裙子，展示没有穿内裤的裙底。这一行为引起轰动，令她登上了头条新闻，确立了她社会政治鼓动者的形象。第二年，韦斯特伍德将 1993 年秋冬系列命名为"英格兰狂"（Anglomania），以纪念法国人对英国人的爱和英法时尚界的合作。

两年后，韦斯特伍德的"色情地带"（1995 年春夏）系列在巴黎卢浮宫卡鲁赛尔厅展出，顶级超模凯特·摩斯（Kate Moss）化着革命前法国典型的冷淡底妆，穿着阴茎形状的鞋子，暗示性地舔着冰激凌。汉娜·奥格丽（Hannah Ongley）写道："1995 年春季展是一场纵情声色的马戏团演出，由歌舞女郎粉墨出演，拙劣地迎合男性目光。"[35]

积极抵抗宣传
• • • • • • • • • • •

2010 年，韦斯特伍德与 Lee 牛仔品牌合作开展在线宣传项目——百日积极抵抗。该项目要求艺术家提交作品、标语或照片，回应韦斯特伍德的宣言以呼吁社会采取行动控制气候变化。通过戏剧、对话的形式，"积极抵抗"讲述了梦游仙境的爱丽丝和与艺术爱好者对话的匹诺曹，这是人类学家、真正的诗人和炼金术士拯救即将毁灭的地球的旅程。在路上他们遇见了艺术家惠斯勒（Whistler）（"艺术为艺术"的主要支持者）、希腊哲学家亚里士多德和第欧根尼（犬儒学派），他们都主张艺术与文化是宣传的良药。同年韦斯特伍德的春夏系列取名为"盖亚行星"（Planet Gaia，盖亚是古希腊大地之神），她呼吁人们拯救地球，并参与DIY 来进行积极抵抗。韦斯特伍德宣称："如果我们要让盖亚行星保持凉爽，就需要参与 DIY。""然后政客们才会如我们所愿。"[36] 这个系列使用了具有强烈街头感和涂鸦特色的仿旧面料。这些模特的妆容只能称为太空时代洛可可：白色的面孔和色彩绚丽的高发。穿着厚重袜子的腿在连衣裙的前褶 V 形开口处若隐若现。实际上，这个系列是对她职业生涯的回顾，朋克的凶猛与 18 世纪的无所畏惧和超凡脱俗完美融合在一起。这种融合形成了一个交错体：怀旧的科幻小说。但也许从印象中 20 世纪 40 年代的 C 级电影到库雷热（Courrèges）等设计师的未来主义风格，未来服装已经牢牢扎根于过去。韦斯特伍德"盖亚行星"很大程度上是从她的"朋克"系列中汲取的灵感，但不像朋克一样方法简单、就地取材，而仿佛是受灾后从富人处搜罗来的东西。迪奥、华伦天奴、纪梵希等经典品牌宣称幸福是如此确定，如同服装中所体现的那样，它们与广告和复制品相呼应，这表明这种纯粹自由的幸福真的可能存在于某处。

但是"盖亚行星"所代表的世界形象已经高度扭曲、令人担忧。生活中的碎片变成了一场盛会，但是造成这种碎片、暴力和处境的痕迹仍然以各种方式得以留存。人们像郝薇香小姐[1]一般痴迷于人和人的着装，他们似乎不再精神恍惚，而是遵循剪裁规范准备回归生活。快乐和幸福作为一种创造性的灵感存在，其余的部分则作为模糊性别和身份的威胁出现。该系列证明了时尚作为物质和历史再现的持续侵略性。但是，当这种侵略性得到确认之时，时尚就具有了魔幻般的永恒性和不灭性。

---

[1] Miss Havisham，狄更斯小说《远大前程》中的人物，喜欢奇装异服。

2 | Rei Kawakubo's Deconstructivist Silhouette

. . . .

川久保玲的
解构主义轮廓

纵观过去的几十年里有关川久保玲和她的品牌"Comme des Garçons"的商业活动和新闻报刊,"解构"(deconstruction)这个词常常被滥用。[1]这是一个普遍的,可以原谅的错误。正确地理解"解构",或者更准确地说"解构主义"(deconstructivism)这个概念,能够更深刻地理解她的作品。从 20 世纪 70 年代末开始的所谓的日本时装革命的领导者之一川久保玲抛弃了传统的沙漏形服装,创造了一个与人的形体不协调的轮廓,重塑了身体与服装的关系,重新思考了面料以及服装制作、组合和陈列的方式。与山本耀司（Yohji Yamomoto）和三宅一生（Issey Miyake）等同时代人一样，川久保玲将雕塑感和建筑美感引入她鲜明的时尚理念中。他们创造了不同的着装方式，并通过改变女性轮廓形状来质疑性别秩序。通过引入具有最小细节和最大比例的非传统结构宽松服装，川久保玲的时装（基于日本和服的设计）与旨在塑造女性身体轮廓的西方服装构成了对立关系。与 20 世纪 60 年代安德烈·库瑞斯（André Courrèges）未来主义风格的几何形盔甲形的外衣相反，川久保玲的服装与身体形成了对冲的多元关系。服装不再是身体的补充，而是一种增补，这是解构主义哲学的创始人雅克·德里达（Jacques Derrida）的一个重要概念。解构主义，这个术语也用来描述后现代建筑，它与德里达有着根本性的联系。但它也面临着一个困难，那就是在一个不可阻挡的稳定、静止和可操作的事物中，解构主义如何反映功能失调、不可通约性和不稳定性。像川久保玲一样，解构主义建筑师放弃了现代主义形式的透明度和简洁性而选择了倾斜和随性。解构主义不是和谐的，而是在表达不和谐，这是一种令人不安的审美观念，它令人们反思存在的不统一性、社会的裂缝以及为何我们的生活充满了悖论与矛盾。

解构
· · · ·

从 20 世纪 80 年代起直到 2004 年德里达去世，解构主义得到广泛的传播、争论，并深度渗入女权主义和后殖民研究等政治化的哲学分支领域。后殖民理论的创始人，佳亚特里·C. 斯皮瓦克（Gayatri Chakravorty Spivak）是德里达的学生之一，并且是他早期重要著作《论文字学》（*Of Grammatology*, 1967）的英语译者。³ 常见的对"解构"的误用是将其解释为"拆除、分解或者撕裂"，作为一种哲学方法，"解构"具有这些功能，但当用于艺术或建筑时，这可能会产生误导。解构主义认为，自柏拉图以来，西方形而上学的历史基于二元系统，如心灵与身体、存在与缺席、书写和言语，但这些元素常常被具体化。因此，"解构"既是一种观念也是一个过程，它试图揭露并最终逆转或颠覆西方哲学所隐含的等级制度。受到胡塞尔和海德格尔的影响，也为了回应黑格尔的精神遗产，德里达仔细地阅读哲学经典，有时针对某一个段落或章节，剖析词语的词源以揭示其隐藏的意义、背景和矛盾。正是这些矛盾构成了最初未被观察到的思想表层之下的间断点。

"难题"（Aporia）一词来自希腊语，意为"不可逾越的道路"，这是一个贯穿德里达思想的概念，也是他揭示西方形而上学的矛盾的工具。正如克里斯托弗·诺里斯（Christopher Norris）所言，"最接近的事物可以通过差异的效果和反常外观的'逻辑'得到标签或概念的隐蔽。"⁴ 伽谢（Rodolphe Gasché）也观察到："在德里达的理论中，必须理解难题（Aporia）和矛盾（contradiction）两个概念，它们指的是哲学话语中各种成分、要素或二者之间的普遍差异。"⁵ 这个概念也适用于川久保玲，尤其是在服装方面，她常常破坏其用途，或在不必要和不合理的地方强调功能性（类似于韦斯特伍德对带子、扣子和拉链的非功能性使用）。时尚一直被视为元素的集合，但它不是封闭和完整的。类似地，哲学中解构的态度也具有概念的异质性。伽谢还说，这种"异质性是多方面的，由概念形成和使用的过程引起"。⁶ 一件衣服就像一个文字，并不是存在于真空之中，而是游移在各种元素之上被定义和命名。

德里达公开批评自己的理论方法是寄生在其他文本上的，因此也是消极的。它试图揭示哲学家和作家的论点或理论系统中的矛盾之处，揭示某一系统的不足或者建立文学形象和哲学概念的矛盾假设。在"给一位日本朋友的信"（*Letter to a Japanese Friend*）中，德里达捍卫"解构"这个概念，将"毁灭、分解和损坏"的过程视为"不消极的操作"。德里达解释说："除了摧毁，还必须了解'整体'（ensemble）是如何构成的，并为此进行重构。"[7]这是对建筑可译性的解释，也是他们对时尚可译性的解释。这些重组和整合的行为恰恰是对女权主义者、后殖民理论家和其他修正主义学者有效的解构方法，他们衷心地呼吁在教学中增加该方法的一席之地。至少从表面上看，这让他们继承了主导地位。德里达"存在的形而上学"最终转变成了他自己所谓的"菲勒斯中心主义"（Phallogolentrism 另译为男性中心主义），这是一个用以描述西方思想中男性的统治地位和话语主导权的新概念。

在偶然的情况下，德里达成为与后现代主义相关的思想家之一。在后现代主义中，现代主义的统一性被认为是虚假的，甚至是专制的谎言。在文学和哲学以外的领域，解构主义与不统一、差异和流动性有关——一切都与高度现代主义的同质化原则对立。在艺术中，解构是一种有效的策略，它以某种方式处理和操纵审美主题、形式和框架，暴露出某种风格的某些弱点，特别是这些风格和形象对维护权力和统治的作用。这导致了一些武断的、直白（和愤怒）的艺术，一种对假想敌的讽刺艺术，过去的女艺术家被给予了与其实际才能不相称的荣誉。我们能看到一些更微妙和有持续影响力的作品，例如，在辛迪·雪曼（Cindy Sherman）的早期作品中，由电影场景拼凑而成的《无题电影剧照》（*Untitled Film*

Stills，1977–1980）令人想起黑色电影和战后 B 级片。在影片中她拍摄了自己的各种角色和装扮。照片上的这些状态意味着，在没有男性在场的情况下，女性经常会被呈现为脆弱、温顺和不自信的状态。在这个过程中，雪曼巧妙地暗示了不论男性还是女性，大众看待和思考女性的方式都凝聚着腐朽秩序的狭隘性。[在构思这些作品前不久，电影理论家劳拉·穆尔维（Laura Mulvey）创造了"男性的凝视"（the male gaze）这一术语，以表达这种知觉及其影响的形式。][8] 在视觉艺术中，解构并不像雕塑家做的立体形式一样真正地拆解某些东西，而是更为微妙地揭示了图像的关键——思维方式和观察方式，并提醒人们，形象越强大，越不可能对隐藏的神话和意识形态一无所知。内在冲突的表达在艺术这类抽象形式中更容易体现，但在建筑、服装这类应用艺术中却面临一些基本的困境。

新一代的日本设计师多次挑战了由保罗·波烈（Paul Poiret）和让·巴杜（Jean Patou）建立并由克里斯汀·迪奥奠定的服装传统。高田贤三（Kenzo Takada）、森英惠（Hanae Mori）、三宅一生、山本耀司和川久保玲等重要设计师改变了服装剪裁和陈列的方式，呈现出一种全新的轮廓，并重新诠释了身体与服饰之间的关系。比如 1970 年三宅一生的"围巾"（handkerchief）装中的"一块布"（a piece of cloth）概念，1983 年川久保玲展示了她的"包裹"（wrapped）系列：顾名思义，这些服装是无限可变的，因此不被定义为任何固定的形式或模板。川久保玲不再勾勒身体的轮廓，而是使用大量的织物来包裹和改变形体，创造分层和不对称的形状。他们以近乎表演的方式呈现着衣的行为。用手势和身体表演着"包裹"。川久保玲的其他系列比如 1983 秋冬系列，采用有破洞的仿旧羊毛针织物来营造蕾丝结构效果。"蕾丝毛衣"（lace Sweaters）中大量的织物不规则地聚集在一起，既不像动物甲壳也不像盔甲，更像是无定形的一团元素或生物——就像脓肿或肿瘤一样可以象征美丽的痛苦、恐惧或毁灭。川久保玲对身体的理解是典型的斯宾诺莎主义者（Spinozist）的理解方式，因为斯宾诺莎认为，害虫或疾病本质上并不丑陋或邪恶，它们激发人类自身的追溯性物质。而令人致病不会使它们变得邪恶。同样地，设计师可以用一些美的形式来表现它，并消除其负面内涵。⁹

正如她从一个新的角度——正如川久保玲从新的角度看待美的定义，她和同代人用全然不同于西方设计师的空间感构思时尚，这令他们的作品更具建筑性和结构性。总体而言，他们认为服装更多地作为一个整体，应该淡化部分（四肢和头部），而不是按西方设计师的做法将部件聚合在一起创造整体。运动和身体不是偶然关系而是核心关系。矛盾的是，虽然日本设计师的作品具有雕塑感——许多作品可以作为独立的审美对象——但他们在很大程度上是以生活和行动的身体作为设计考量对象，这与建筑需要思考的功能一样。也就是说，服装是身体的住所。川久保玲 1997 年春夏系列"服装邂逅身体，身体邂逅服装"（*Body Meets Dress，Dress Meets Body*）被称为"肿块"（lumps and bumps），因为她使用衬垫改变了身体的形状，比如弹力格纹面料的紧身上衣和裙子，使得臀部、躯干和肩膀被夸大，身体看起来更"膨胀、延展和重置"（附图 4）。¹⁰ 就像建筑师设计具有多个空间的建筑一样，川久保玲该系列注重设计身体而不是衣服。"我想设计身体本身，我想使用弹力面料，"川久保玲说，"我非常清楚单凭服装来表达某些东西的难度。这就是我怎样提出设计身体这个概念的。"[11]17 年后，川久保玲仍然使用"肿块"的概念来探索身体的极限。在她的 2010 秋季"内部装饰"（Inside Decoration）系列中，服装的肩部、躯干、臀部和背部都贴有大型枕头形状，为身体的各个部位增添了质量感和时尚感。

解构与建筑

对于解构主义建筑师来说，建筑的意义在于表达社会的断裂性和多元性，以及表述历史上的许多空白和中断。简而言之，他或她试图以一种仍然在起作用的形式表达"脱节"的状况。传统建筑呈现为和谐、统一和富有韧性。正如马克·威格利（Mark Wigley）所言，"建筑师一直梦想着纯粹的形式，制造出排除所有不稳定和混乱的物体"[12]。这可以与 20 世纪的现代服装相比较。但是要通过区分"扰乱我们对形式的思考能力令……项目具有解构性"。[13] 为了纠正一个常见误区和语义误用，威格利解释说：

> 解构主义建筑师不是破坏建筑的人，而是解决建筑内部固有困境的人。解构主义建筑师分析建筑传统的纯粹形式，并把被压抑的不洁症状作为身份特征。[14]

带着这些原则，我们将非常容易理解川久保玲：她的设计（以及山本耀司和韦斯特伍德的设计）意味着理想的服装只是形式多变的作品概念。如果理想的形式得到支持，那么最终也会因性别和文化的刻板印象而陷入各种各样的问题。因此，解构和解构主义允许他们的核心思想走出衣橱并成为主流时尚。

解构主义的分水岭发生在 1982 年（川久保玲在巴黎开设了她的第一家 Comme des Garçons 商店），德里达与建筑师彼得·艾森曼（Peter Eisenmann）的合作作品参加了巴黎维雷特公园建筑设计大赛。随后德里达于 1988 年在纽约现代艺术博物馆举办了一场名为"解构主义建筑"（Deconstructivist Architecture）的展览，从而将这一术语收入词典之中。在此期间，德里达于 1986 年撰写了一篇关于伯纳德·屈米（Bernard Tschumi）的维莱特公园（Parc de la Villette）计划的论文，文中探讨了将哲学论证纳入不属于哲学本身内容的可能性。这里不会详细分析这篇论文，只是想提醒读者注意一个有趣的类比，这个类比被认为是解构主义服装设计的隐喻和参照："建筑师就像纺织工人。他（屈米）绘制网格、将一个链条上的线索联系在一起，他用笔迹创造一张网，总能编织出多维向度、多种意涵和超越意义的成果。"这种方法总会引起某些反对，因为它是一种形式化的方法，其中某些意义无法实现、难以解释并略显疯狂。但正如德里达就屈米的作品指出的，这些形式上的扰动并不仅仅是另一种原因。它所标志的不是单一的疯狂，而是复数的疯狂，[16] 因为设计致力于分裂之物，进一步撕裂物质和视觉的冗余与矛盾。

虽然在解构主义是否意味着后现代建筑这个问题上存在一些分歧，但可以肯定的是，这种新建筑倾向于复杂性而不是还原性，并对其最终毁灭保持觉悟。因此，德里达在一封写给艾森曼的公开信中评论道：

若所有的建筑都已完成，那么如果它带着未来毁灭的痕迹、已经过去的未来和毁灭的未来，根据每一次原始的方法，受困于毁灭的外形，在石头基座、金属或玻璃上工作，那么还有什么能让"时代"的建筑重新回到毁灭，再次体验"自己的"毁灭呢？[17]

在这里"过剩和虚弱"是内嵌于建筑物的视觉符号，这是一种当下稳定形式中内在的不稳定性。艾森曼回应说，他的作品"认为建筑可以创造其他东西，而不只是其自身传统的功能、结构、意义和美学"。[18]这意味着解构主义建筑师不仅要面对自己，还要面对历史上的前人，了解建筑如何变化、降解并最终消失的过程。艾森曼在另一处写道，与传统的历史主义怀旧相反，"我们可以提出一种具有不稳定性和错位性的建筑，这些不稳定性和错位性在当下实际上是事实，而不仅仅是失去真相的梦想"[19]。伴随着德里达计划的推进，其哲学体系中的荒谬和矛盾的部分也不得不面对批评。人们批评其哲学和建筑的结合是反动的、寄生的和虚无的。川久保玲也受到了类似的指责，其中包括她将破布制成引人注目的艺术品。[20]

在川久保玲的作品中，暴力和沉思的能量也与解构主义建筑的关注点不同，不仅是废墟，还有墓穴。传统的"正常"时尚倾向于否认其隐藏的各种常见形式。这种掩盖和隐藏很容易被忽视。然而，在川久保玲的作品中，覆盖物扮演了一个更加不可捉摸的角色，暗示着下面某种不确定的存在。威格利在关于德里达和建筑的书中，全面考察了建筑的神秘性和墓穴的隐喻：

德里达对墓穴的解读将注意力引向某种新的建筑形象，这种建筑

48

形象可能会取代传统的建筑修辞，并可能被建筑话语所挪用。相反，它将人们的注意力引向了建筑中隐藏的暴力，其手法是定义空间中微妙而难以捉摸的隐藏几何学，在这种几何学空间中策划持续的双重暴力来产生空间效应。[21]

同样对于川久保玲来说，服装不仅是必需品或奢侈品，更是强加在我们身上的东西。在人类堕落之后，即在大屠杀和广岛（和长崎）被原子弹轰炸之后的时代，服装产生了全新的含义。即某种自我的消解，在这种消解中，赤裸不再是纯真或快乐的象征，而是一种衣服褴褛的状态，一种赤裸裸的受谴责的罪恶。

解构与时尚
• • • • • • • • • •

川久保玲破坏和衰退的设计语言，在多大程度上可以归因于战后日本的负罪感以及原子弹带来的毁灭性打击，这都是值得思考的问题。她的作品被称为"后广岛"（Post-Hiyoshima），这是对衰退的重述，也宣告了一个新的开端。尤其在形态重构中，其作品成为一种战后创伤余震的隐喻，着手于重新建构美丽的艺术。川久保玲 1983 年巴黎秋冬的"包裹"系列，包含了一件满是破洞和扭曲缝线的黑色毛衣。《费加罗报》的一位作家不禁讶异地表示，她的衣服就像一阵寒风，"她的末日装束满身都是窟窿、破烂不堪，几乎就像核武器袭击后幸存者穿的衣服。"同年举办时装秀的山本耀司指出"末日装束看起来像被炸成了碎片"。[22]他们提出了一种与时尚主流相对的异国情调，于是被解读为东洋的或东

插图 4

川久保玲,Comme des Garçons,黑色棉布。
查尔斯·罗森伯格（Charles Rosenberg）
捐赠。纽约时装学院博物馆。

方的。

然而，川久保玲对其中的一些问题保持沉默并不令人惊讶，正如她不愿被称为"日本设计师"一样。[23] 尽管 1983 年春夏季她的第一个主要系列"毁灭"（她的女装系列首展于 1975 年在东京揭幕）中使用了解构一词，但事实上她对大多数被界定的术语都持有抵触态度。时尚专栏作家和策展人虽然见过太多焦虑感和破坏欲的时尚，但他们很快就精确地抓取了解构主义一词，用以描述川久保玲，这也是当时流行的哲学范式，还有人使用了更为古怪的词语如"摧毁模式"（la mode Destroy），或者是贫困美学（aesthetic of poverty）。据报道，专栏作家约翰·麦克唐纳（John McDonald）宣称，这是"对公认的高品质刻意的冒犯"，这个系列"被撕裂，满是破洞、不对称和变形，多余的袖子、鞋子和涂抹不当的口红，这些服装没有拥抱身体，而是将身体密封在一个包装里"。[24]

川久保玲的破坏性设计语言与韦斯特伍德设计语言的不同，恰恰就是上文概述的解构方式。对于韦斯特伍德而言，表现破口子、破洞和污点是为了将边缘人物、贫困者或非主流重新融入时尚的语法之中。川久保玲在不排斥这种观点的同时，使用破口子、破洞等作为时尚的渗透性和所有物质总体可变性的记录。[25] 她使用新的时尚材料破坏了时间秩序，使服装以多种方式保有时间的品质。

但在川久保玲的作品中，这种变动和趋势强势而果断，并以一种活跃且具有对抗性的方式利用已经损毁了的符号。对于过去的时尚来说，人们难以想象如何利用已经磨损甚至消失的衣服，因为过去的时尚重在保持崭新，一旦被留下了痕迹或磨损就意味着被抛弃。与韦斯特伍德材质和形式的暴力不同，川久保玲的暴力在远处保持距离，留下的是物质中所表现的多层次不稳定的危险痕迹。衣衫褴褛是指衣服或面料本身的状况——容易腐烂——但是在预料之中，预先说明它对外界刺激的敏感性：曝晒、洗涤、事故和磨损都会改变服装的原始状态。这就构成了服装理念的另一种本质，一种不是基于理想的、商品化的、原装的服装，而是存在于服装和生活的循环之中的服装的本质。在关于斯宾诺莎的一本书中，吉勒斯·德勒兹（Gilles Deleuze）指出，斯宾诺莎的存在概念是改变存在本质的形态。存在本身没有外在的本质，这意味着生活的条件或方式占据了生命的过程。因此，身体被设想为具有各种表达能力的指挥者，这些形态是特定时间中身体与世界相互作用的存在状态。[26] 这个概念可以很容易地应用于川久保玲衣衫褴褛的哲学中。与柏拉图式的经典服装隔绝生活甚至高于生活的本质不同，川久保玲服装的精髓是流动本质在于生活的所有偶然性。

卡罗琳·埃文斯（Caroline Evans）在谈到川久保玲和她衣衫褴褛的审美观及其遗留问题时，提醒人们注意处理织物的多种方式，对织物施加压力的多种方式，稍微松开织布机上的螺丝，一块亚麻布将受到一系列严密影响：

> 她制作了手工编织的黑色毛衣，让它遭受恶劣环境的踩躏；上面有像蛀虫洞一样的装饰孔。通过这些方法，她将氧化和做旧的理念引入巴黎时尚界。20 世纪 90 年代，日本纺织公司布（Nuno）也推出了 boro boro 的美学理念，意思是衣衫褴褛、破碎或老旧。他们的纺织品被蒸煮、切碎、投入酸性溶剂中或用刀片进行切割。Comme des

Garçons 1994 年 5 月秋冬系列采用了柔和的色彩和破旧的羊毛衫，模特们穿着边缘磨损的衣服如同东欧幻想的巴尔干难民。2001/2002 年秋冬系列，*Another Magazine* 的第一期刊登了理查德·伯布里奇（Richard Burbridge）拍摄的一张照片，照片上五位模特穿着衣服并做出像是面对仓库里一捆捆待处理的衣服的姿势。[27]

20 世纪 80 年代末，在川久保玲开始制作破衣烂衫后不久，马丁·马吉拉也开始剪裁旧衣服，并将不同的衣片缝在一起，形成一种复杂的混合外观。虽然相似，但这与川久保玲又是不同的，因为它给时尚的碎片注入了新的生命，这种复活或不朽——有时被戏称为"乞丐的模样"。大都会博物馆的时尚策展人理查德·马丁（Richard Martin）和哈罗德·柯达（Harold Koda）肯定解构是"当今时代的思维方式"，尽管他没有对此做更详细的阐述。[28] 当下不同程度的磨损服装的持续流行也反映了这个被技术、过度浪费和人口过剩消耗的世界：这是渐渐蔓延的反乌托邦噩梦的反乌托邦时尚。[29]

模糊的文化

无论川久保玲是否想要淡化她作品的"日本性"，她所提出的各种挑战都注定得益或部分得益于她作为文化的他者。某种程度上是因为她加入了所谓日本时尚革命的日本设计师行列：高田贤三、三宅一生、山本耀司、渡边淳弥（Junya Watanabe）、高桥盾（Jun Takahashi）、栗原大（Tao Kurihara）。日本时尚革命只可能发生在巴黎，然而正是由于川久保玲的差异性，她和日本同代人所煽动的激进改革才得到如此热烈的响应。如果说这是对时尚的根本性破坏，那一定会备受欢迎。如果他们的作品被消费并被理解为具有"真正的"日本情感，那么这个作品的回溯性将比前瞻性更高，这些作品将有助于巩固国际上对日本美学的全面认知。

在《后殖民理性批判》（*A Critique of Postcolonial Reason*）一书对川久保玲的分析中，佳亚特里·C.斯皮瓦克观察到，川久保玲声称全球跨国主义的文化空间是一个符号的集合，其中亚洲性被"那些去博物馆、酒店，玩高科技产品的人所穿着，打扮入时的激进分子以其见多识广的善意，在一个绝境般的跨越中，在一个不可能的交错中，缝合了一道渐近线"。[30] 这意味着文化通过穿戴被展示和接受，这种方式揭示了分散、稀释文化真实性的途径。接触文化的方式可以被不断调整，作为调解者，川久保玲让这种接触具备可取性和可能性，但她仍然坚持"不受传统、习俗或地理的限制"。[31] 斯皮瓦克在川久保玲问题上的立场是模棱两可的，因为目前尚不清楚她是将设计师视为对文化霸权的同谋，还是只是资本主义的组成部分，使一切都成为市场符号。从文化角度来说，川久保玲的时尚是"相同—但—还—不同，不同—但—并不—不同"。[32] 如果川久保玲拒绝将其锚定在日本文化上，就是在拒绝日本自 19 世纪末的明治时代以来，策略性地向西方传播自身特有的亚洲特征的方式。[33] 在很大程度上，日本文化风格的真谛在于其对自身的战略性改造。日本的悖论在于，这个世界上人种最纯粹的国家，是由多层面的人为加工所确定下来的。

服装的内外
••••••••••

德里达的著名论文《语言学与写作学》（Linguistics and Grammatology）用服装的隐喻分析了言语和书写之间的感知差异，以及前后与内外之间的二元逻辑：

> 书写是感官之物和人造的外观："衣服"。有时辩论是思想的衣服。胡塞尔（Husserl）、索绪尔（Saussure）、拉维尔（Lavelle）都能证明这一点。但是否有人考虑过写作是演讲的衣服？即使对于索绪尔来说，这也是一种变态的、松懈的、腐败的和伪装的衣服，一种必须被驱除的假面（masque de），即通过优秀的言语："书写遮掩的语言：它不是衣服而是拟戏。"它是一个奇怪的"形象"。如果写作是一种外在的"形象"和"比喻"，那么这种"再现"就不是纯粹的。外部与内部交流着一种关系，它一如既往地具有简单的外在性。外在感萦绕在内部、外部和对立面中。[34]

在他对索绪尔的引用中，"拟戏"（travestie）这个词在法语中不仅指英语中的"歪曲"，还暗示了转化的误用，这使得它成为一个用于牵引的术语。在此德里达利用索绪尔和卢梭来对抗假设传统，这种传统将言语置于自然界，并写入文化。而他著名的反叛是在演讲之前加入写作，完全颠覆了一个庄严的假设。

参考德里达的类比，我们可以认为，在剪裁的过程中，衣服先于身体。而在服装和风格的关系中，这个概念更为成熟。服装是对非经调整的身体的调整，风格也在调整身体。外推这些表面上简单的概念是为了揭示，非经调整的身体只存在于两个化身中：一个是作为观念的无实体状态，一个是作为死尸（不同类别的元素造成它的分解）。在其他任何情况下，身体都受到某种形式的调整，比如洗头、剪发等，因此，我们可以概念性地认为，身体是着装的。牢记这一点并将其应用于服装本身，就是摒弃现代主义的实用主义概念，因为现代时尚与加布里埃尔·香奈儿（Gabrielle Chanel）和帕图（Patou）一样，强调流动性和多功能性——因为服务身体不再重要，取而代之的是主观化和意识形态化。川久保玲使用的内外、物质和服装，不再受同样的等级制度的影响。相反，这些等级的假设产生了一些惊人的效果：衣物的外在被解读为内在，反过来又破坏了穿着它的（它里面的）身体的传统含义。同样的内部力量也经常出现在早期解构主义建筑中，最著名的是巴黎的蓬皮杜中心（Piano and Rogers，1977），或弗兰克·盖里（Frank Gehry）在圣莫尼卡（Santa Monica）的住宅（1979）。

　　川久保玲的设计规避了传统剪裁，强调了身体的可变性以及它丰富的不连续性和渗透性。服装没有预设的道路，衣服上多余的袖子、大量的不平衡和不对称剪裁意在将人们的关注点从稳定和完美中转移，引发人们对流动性和残缺性的思考。川久保玲说，"我总是想破坏对称性。"此外，通过关注身体的过渡区域，她重新评估了身体整体和身体—衣服的二元性。用埃文斯和桑顿的话来说，"尽管她设计的服装通过意想不到的破口子或破洞来暴露身体部位，但这些身体部位是身体的一部分，虽然没有名字：膝盖内侧、一片胸腔……"[35] 在另一些情况下，"服装的裂口可能只是为了露出下面的另一层织物。"[36] 纺织品就像皮肤一样，毕竟皮肤本身就不止一层。

川久保玲模仿经典雕塑和浅浮雕制造织物的褶皱能证明这一点。通过一系列隐藏的接缝加固，川久保玲使织物不受重力和其他元素的影响，处于一种不可思议的悬浮状态。正如芭芭拉·范肯（Barbara Vinken）所说：

> 通过这种方式，川久保玲将石头和肉体的辩证法推向高潮。她的衣服变成了石头，这样身体看起来就是裸露在它的包裹之下，而不是僵硬成一个古典的大理石雕像。这种将身体包裹在石头中的技术将其从大理石雕像中释放出来，使其温暖、流动和性感地裸露在帷幔之下。[37]

这是众多叛逆和改造中的一个例子，它表明了身体唯一的位置存在于服装内部，同时身体也是运动、连接和变迁之所。

川久保玲"从零开始"的作品设计理念打破了服装结构和外观的惯例。这相当于制造一种"奇怪"的女性身体，就像韦斯特伍德一样，从自我形象和他人的假设出发，重新思考女性的性感。"川久保玲让人们'重新看到'身体及其可能性，强调了女性身体的连续性和空间中的接触性，呼吁'一点点看见身体'这种父权文化中女性固有的身体再现方式。"[38]但破裂的身体，川久保玲构想的"团块躯体"（corps morcelé），与超现实主义并不完全相同，而处于不断重构的状态，就像变异的分子，其内外的逻辑像莫比乌斯带一样具有不止两边的一面。

回到德里达，写作的"衣服"相当于卢梭在《论语言的起源》（*Essay on the Origin of Languages*，1781）中提出的所谓"补充"（supplement），写作是言语的补充。然而德里达从一个无意义角度认为"补充"，用诺里斯（Norris）的话来说是"进入所有可理解话语的核心，并定义其本质和条件"。[39] 此外，服装也是身体的补充，对于纯粹的、未穿衣服的、未经调整的身体构成的极端想象来说至关重要。在川久保玲的作品中，正如我们将在埃托尔·斯隆普等后辈设计师作品中看到的，生物性的身体展示在服装的最表层。服装的各个组成部分对身体来说是一个整体或者不同部分的总和。面料暗示了皮肤表面的拉伸或下垂，其自身的不规则性、破损、斑点和污渍是时间的自然残留标志。

不死的极简主义

从川久保玲第一个系列以来，她的作品总是与死亡相关，或者说更与不死生物相关，这不是完全的自身湮灭，而是在另一种状态中的生存——这也体现在建筑的废墟话语中。更具哲学性的解构被视为哲学终结后的来世，恰好与后现代主义艺术中黑格尔的"艺术死亡论"及其反思现代主义的失败同时发生。

韦斯特伍德的早期"泥沼的怀旧"系列（1982 年秋 / 冬）对川久保玲产生了重要影响。如果说这开启了摧毁模式，那么韦斯特伍德就是摧毁模式的流浪汉。20 世纪 50 年代以来的艺术一直认同废弃物和原始材料，以重新整合身体与物质的关系，比如日本的具体派（Gutai）、意大利的贫穷艺术（Arte Povera）、奥地利的行动主义（Aktionismus）、德国的激浪派（Fluxus），这种观念在时尚中变得越来越重要。麻布、厚重的黄麻纤维、改造的衣服等，已不再是时尚的碎片，而进入了更加广泛的时尚界。正如"泥沼的怀旧"系列混淆了性别差异，川久保玲、山本耀司和三宅一生共同创作了许多男女皆宜的服装，甚至有些指向无性别，令人立刻回忆起明治时代之前的服装，这些衣服非常大、无法勾勒身体的形状，另一方面也指向了性别可变的未来主义新人类的身体。

这种形式的削减、剪裁的简化重申了川久保玲所借鉴的极简主义风格。但这不是经典造型的极简主义，而是一种不同的简化，这往往会导致"比无更少"（less than nothing）的美学，即暗示着服装解体。像韦斯特伍德一样，一种常见方法是在穿着之前赋予服装其未经历过的时间的痕迹。这种做法也唤起了一种着装的语言，改变了服装由新变旧的传统观念。这种服装拥有一种从未开始过的生活，作为一个大型统一体的部分而存在，服装只是一系列因素之一。川久保玲构想的服装存在于不断扩大和收缩的变体系统中。

她与同代的日本人一样，其极简主义的概念很大程度上借鉴了侘寂（wabi-sabi）的美学概念，意为"宁静、闲适"（wabi）和"旧化、古雅"（sabi），就像"残缺之美"一样。这是一个禅宗的概念，讲求放弃、美丽的脆弱、生命的消逝以及空虚。哈罗德·柯达以侘寂之美形容川久保玲，尽管它符合设计师对不完美、简朴以及柯达所谓的"贫困美学"（aesthetic of poverty）[41] 的倾向，但川久保玲拒绝了这一形容。这也使川久保玲朝着否认愉悦和感性的方向发展。当性出现时，它的内涵总是把双刃剑，暗示着污秽、放荡，和她的所有作品一样明显地缺乏纯真。正如瓦莱丽·斯蒂勒（Valerie Steele）的评论：

> 作为时尚界最不"性感"的设计师之一，她尝试过内衣风格的时装，创造出了前卫妓女般的形象（2001/2002 秋冬）。她的 2005 年春

夏季"机车骑士／芭蕾舞女"(Biker/Ballerina) 系列将粉红色半身泡泡裙和黑色机车夹克搭配手工缝制的弗兰肯斯坦缝线，暗示了芭蕾舞女的体力和耐力，对传统精致和坚强的形象提出质疑。她的"新娘"系列（2005/2006秋冬）也让许多人流泪。[42]

这可能是因为新娘更像是郝薇香小姐，与其说是庆祝不如说是在谱写挽歌。在这里也不可避免地强调了性和死亡的联系。

早在辛迪·雪曼的一组照片中，川久保玲就尝试表达爱的努力的丧失［《无题》Untitled（s），1994］。其中特别描绘了一个穿着粗糙的灰色毛毡衣服、戴着面具的娃娃，它主要的接缝处支撑着一个蛇状的突起，从其躯干右侧蜿蜒而下直至一个人体模型的头部，被两个荒谬的超大米老鼠手套遮住。除了从开口处跳到面具的珠子般的眼睛之外，图像中唯一的生命似乎来自服装本身：有的地方肿胀，有的地方虔诚。这些衣服在雕塑和病态之间摇摆，尽管如此，在无生命的玩偶身上仍然有某种神秘的存在，为我们打开一扇大门去观察川久保玲如何定位身体和主体。身体不会固定在一个地方，也没有任何确切的所在。川久保玲的服饰作为一种时尚，在表达"我们是谁"和某种情感归属。但是，她的服装似乎告诉我们，"我们是谁"总是在放弃和不确定中上演，并可能以恐怖告终，但当我们凝视彻底的不确定性之时，这种恐怖却能挽救美与道德。

3 | Gareth Pugh's Corporeal Uncommen-surabilities

·······························

加勒斯·普的
肉体不可通约性

在加勒斯·普 2016 年春夏成衣系列展上，模特们都戴着面具，他们的真实面庞完全被遮蔽。正如面具的特征一样，他们为整个秀场营造了一种疏离和游移的神秘氛围。他们的头发也很不自然，小丑风格的凸起额头后面是具有冲击力的明亮发色（附图 8）。这个系列是在向迪斯科年代和伦敦苏豪（Soho）红灯区致敬。而伦敦苏豪区这个曾经的创造力中心现在正面临着商业开发重建的威胁。由加勒斯·普的长期合作伙伴鲁斯·霍格本（Ruth Hogben）执导的三分钟短片伴随着该系列，这则短片描绘了一个苏豪区坏女孩衣着光彩夺目，跳着钢管舞，身上闪闪发光，照亮了苏豪区灯火通明的街道。红色、白色、黑色和铜色调和的乳胶、皮革亮片和棋盘图案点明了迪斯科的主题。模特脸上戴着肉色丝袜、涂着星形彩妆，而其他人则戴着星形太阳镜。

面具经常出现在加勒斯·普的作品中，在他的创作中裸露的面孔非常少见。W.B. 叶芝（W.B.Yeats）的短诗《面具》（*The Mask*）构造了一对恋人的对话，其中一人说："正是面具占据了你的理智 / 让你的心脏跳动 / 而非它后面的东西。"[1] 这可以适用于爱和欲望，因此也适用于时尚，是封面、外观和外壳吸引了我们。但是，进一步而言，加勒斯·普对外貌帝国的强调与兴趣也引发了人们关于他对于身体和人类自身态度的猜测。关于服装的传统假设——尽管是简化的和带有误导性的——是它服务于穿着的主体，身体是真正的内在本质，而衣服只是临时的人造外壳，但对于加勒斯·普来说，这种假设是多余的，因为服装有它本身的独立性。

作为一场面具的表演，它是"无器官的身体"（Body without Organ, BwO）概念的一个范例。这个概念是在被法国超现实主义剧作家安东宁·阿尔托（Antonin Artaud）发明之后由德勒兹（Deleuze）和瓜塔里（Guattari）进行理论化的。这个去身体化是一种经过解剖的主体性，其中回忆、关系和期望不再以统一的秩序呈现。由于它否认了笛卡尔哲学心—身二元论和有序主体性的神话，所以无器官的身体是一种概念，预示着对赛博格 [1]、自然身体的崩塌、玩偶和后人类身体的当代沉思。在这方面，身体本身已经不再是一个实体，而是经受新结构重塑的原生物质。

---

[1] 赛博格，Cyborg 的音译名，指生化电子人。——译者注

2004 年，加勒斯·普因为其在伦敦中央圣马丁艺术与设计学院的毕业作品系列而引起了时尚圈的关注，这个系列的特点是异常膨胀的红白色物体，这些作品成为英国 Cult 杂志 [1]*Dazed and Confused* 的封面。然后，他于 2004 年在莱维安 (Revillon) 品牌艺术总监瑞克·欧文斯手下完成实习，并参加了 2005 年伦敦时装周的"时尚东方"团体秀。加勒斯·普的第一个主要系列发布于 2007 年的春夏伦敦时装周，在那里，他让走秀的模特佩戴面具和黑色帽子，帽子上有尖锐的锥形突起，服装配有充气装置。另外一位模特戴着黑色钻石图案的乳胶面具，穿着透明的平底鞋，完全不裸露皮肤或个人的标志，他的手、手臂和腿都被紧身的黑色合成保护套覆盖。作为人的存在不再重要，没有任何一个模特露出面庞，衣服似乎也与人不存在对应关系。在加勒斯·普早期的系列中这也有所体现：2005 年秋冬系列的鸟嘴小丑西装；2007 年春夏系列里戴着膨胀装饰面具露出通气孔和眼睛的无脸模特展示的黑白色羊绒连衣裙；2006 年秋冬系列再次出现身着膨胀 PVC 蓬松夹克，化着小丑妆，满脸灰白的可怕模特。小丑元素在加勒斯·普的时装表演中颇受重视。米哈伊尔·巴赫金（Mikhail Bakhtin）在对中世纪的"狂欢节和嘉年华"的论述中说，狂欢节的行为产生了一种对立和矛盾的空间，其中的一切都从日常生活严格的秩序中扭转出来，服装穿着上下颠倒前后错乱，家庭用品成为武器，国王变成小丑。加勒斯·普对体积、超大比例和黑白色调以及对中世纪和神秘风格的迷恋和关注是其设计的关键。"这就是为什么会呈现狂欢节的图景，"巴赫金写道，

---

[1] Cult 杂志，指某种在小圈子内被支持者喜爱和推崇的杂志。其风格独特，不以市场为主导。——译者注

这当中有这么多的翻转，这么多相反的面孔和刻意混乱的比例。我们在参与者的服装中首先看到这一切，男人滑稽地模仿女人，女人反串男人，内衣被外穿，而外衣又被换成内衣。[2]

在狂欢节期间（比如四旬斋前的最后一天），中世纪生活的阴沉和阶级秩序被短暂的笑声和自由取代，在这段时间里，神圣与亵渎都是自由的。就像巴赫金所描述的，中世纪狂欢节是公共空间的公共表演，时尚时装表演仍然保留了狂欢节的大部分性质和功能连同其违禁的奇观。

虽然加勒斯·普的设计非同寻常的怪异，但他还是表现出了对自己这种典雅（elegance）形式的信心。正是这种典雅显示出我们对过去所熟知的观念和方式的厌倦，以及对有助于追求典雅风格的主观性的背弃。简单说，加勒斯·普的作品揭示了这样一个问题："如果没有人的因素，何谓服装的典雅？"当人缺席之后，是否还存在典雅呢？以及，这典雅又为何而展示？正如我们在前章所言，川久保玲也彻底否定了仅仅为了变得畸形的身体弯曲和变形的传统轮廓。以巴赫金"怪诞躯体"的概念为基础，弗朗西斯卡·格兰特（Francesca Granata）运用"界外身体"（body-out-of-bounds）的概念描述设计师利用材料探索标准身体边界的方式。她认为由于女权运动兴起和艾滋病泛滥，有关身体边界的时尚研究在 20 世纪 80 年代受到重视。考察了川久保玲和表演艺术家雷夫·波维瑞（Leigh Bowery）（本章接下来会进行解释）的作品之后，格兰特认为他们的作品考察了并"问题化了身体边界的界定，还通过引用非正常身体追问了主体完整性的划分问题"。[3] 加勒斯·普的作品通过膨胀的比例、扭曲的身形与大小效仿了川久保玲和雷夫·波维瑞的作品。

64

他遵循亚历山大·麦昆（Alexander McQueen）和约翰·加利亚诺（John Galliano）作品所呈现的高度表现力，唯一不同的就是主体的缺失。尽管麦昆使用了狂欢节妆容与面具等众多创造性元素，却在一定程度上保留了主体的关怀，总会有一些威胁、恐惧和忧郁的感觉。但在加勒斯·普的作品中，这种情绪被取代了，怀旧的暗示已经荡然无存。此外，对加勒斯·普的直系前辈而言——包括维维安·韦斯特伍德在内——服装与穿戴者之间还是存在着无法抹去的差异。这总会令人产生一种感觉：服装可以被脱掉，也可以穿在其他人身上，是一件具有移动性、操纵性的物品。而加勒斯·普的想法相反：模特和他们的服装是一个紧密的整体，它们是一个独立且不透明的同质存在。

面具与表演

希腊和罗马的喜剧中是否佩戴面具仍然存疑[4]，但可以确定的是面具会用来在演员和观众之间创造一种戏剧距离，作为传达戏剧艺术设计的手段。面具在传统意义上也被当作演员脱离自身、更自由地扮演另一个角色的道具。这是一种包含观众想象的风格化模型，静态的面具需要观众富有想象力的配合。与此同时，对于演员来说，面具是一种能够让角色得以激活的固定形式。演员的容貌被改变了，但这种改变不是为了保密和阻碍，而是一种促进与接近。

作为一名希腊戏剧的资深学者，弗里德里希·尼采（Friedrich Nietzsche）经常会回归到面具的主题，而"面具悖论"当中也包含了他试图推翻柏拉图的重要隐喻。对于尼采来说，这个悖论存在于幻觉之中：即某物可以被揭露，因为一切都是表象。去除面具不应当被视为揭示真相的手段，而应是表象的另一种表现。[5]尼采的解读有助于说明：面具并不仅仅是可见与不可见事物的区隔，或是表象与真理的分界线，而是二者的混合。正如大卫·费希尔（David Fisher）发现的那样，尼采的悖论中酒神狄奥尼索斯以人形来到世上，但戴着一副微笑的面具。他对观众说："我无痕地立于此地。"但是显然，他作为一个神的形象被面具清晰展现出来，这也是他与其他人相区分的标志。面具的阻隔象征着他与普通人的阻隔。[6]类似地，刽子手的面具就是刽子手本身，因为离开了面具之后他就不再扮演刽子手的角色。以上，面具都被用来标识如果没有面具就无法呈现的外观。在相反的维度上，神和刽子手都不属于普通人的序列。一个确实不是人，而另一个发挥的职能与人类的一般秩序也不相符——主动杀人。面具推动了行为，正如 E. 汤肯（E.Tonkin）所说，面具是"一种集中力量的强大工具"。[7]它们是交际的机制，是意义的形式，或实在或抽象的也是一种通过传统表现难以实现的权力的假设。

在近些年，面具已经被当作表达同志身份的机制，尤其是在反串表演（dragging）中。直到最近一段时间在部分国家，身为同志总是需要某种形式的面具、伪装和暗号。例如，男同性恋者往往使用 19 世纪花花公子的风格，并将其作为个人表达和实验的载体。随着视觉力量的增强，不大明显的是，在伊丽莎白女王和詹姆斯时期的反串表演开始出现在剧院中，也就是男人扮演女性角色。但是，只有在 20 世纪，反串表演才开始具有目前与同性恋骄傲运动有关的越轨内涵。反串表演的本质是特征的转化与联系。这是面具的一种形式，是为了产生某些新生事物而做出的隐藏。将人为的、被他人意志塑造的我转化为真正的自我。在这个概念当中，未经反串的形象不仅是裸露的，还是被阉割的。由于带有这样夸张化的女性特征（对于男性而言），反串女王成为一个极具阳具崇拜的庆祝表演。

雷夫·波维瑞是一个将反串与面具的关系提升到新水平的人物。设计师们拒斥波维瑞与加勒斯·普之间的联系。但这些异议几乎无效，因为在加勒斯·普和波维瑞的作品中都包含着对隐藏或改变面孔的困惑。波维瑞设计和改造的服装远远超出了简单的变装，反而看起来像一个模糊性别的暴怒娃娃，或者更确切地说是现在称为"第三性别"的雏形。作为 20 世纪 80 年代的伦敦俱乐部中的移民，生于澳大利亚的波维瑞总是穿着小丑和太空人特征相结合的衣服。波维瑞是那个时代知名的俱乐部表演者，他肥胖的身体与纤长的俱乐部舞者形成奇异而强烈的对比，他们都非常洒脱与自信。波维瑞最鲜明的特点是从不摘下他佩戴的面具，同时还在脸上画上和面具一样的浓妆。

当波维瑞于 1994 年因艾滋病去世之际，身体改造的热潮不再被忌讳但更加神秘莫测。从千禧年开始，自然真实身体的意义开始动摇。虽然有一些例外，例如伊莎贝拉·罗西里尼（Isabella Rossellini）拒绝接受整形手术而失去与兰蔻的合同，尽管那时她是"自然"的代表，而这种立场却不再重要、不再值得自豪。相反，如今美容方法更多的是根据美化效果进行分类。在面具的拓扑结构中，我们悄悄重返面具和面部的不可分辨与相互作用的悖论。在服装话语中，所有服装中的面具作为一种物质对象而具有遮蔽性。对于加勒斯·普来说，面具的遮蔽性嵌入到隐藏身体的服装构想中，同时模仿了性别本身的概念。在《造就框架：

界限、穿着与身体》（ *Fashioning the Frame: Boundaries, Dress and the Body* ）中，沃里克（Warwick）和卡瓦拉罗（Cavallaro）写道，在象征语言中，筛选服装的重点之一是考察其遮蔽与暴露、隔离与调和的能力，以及能否吸引观众揭开佩戴者的身份。"面具能够支持或打碎穿着者的身份，使服装成为具有主体性的体系。"[8]

加勒斯·普的 2015 年秋冬成衣女装系列由长期合作伙伴鲁斯·霍格本拍摄的一段影片开场，电影中一位戴着长长的金色假发的苗条模特在剪头发之前玩弄着剪刀。如同一个现代版的圣女贞德准备战斗，她将一个黑碗中的亮红色颜料涂抹在脸上和身上，穿过她裸露的肩膀和手臂，颜料留在胸部隆起的衣服上。然后她伸出双臂，向后仰头，红色颜料在她身上形成十字形——英格兰守护者圣乔治的红十字。伴随着这种殉难的悲壮姿态，她被突然喷发的火焰吞噬。随后她红色的面庞再次出现在火焰中，最终被滚滚红布吞没。屏幕在此定格成为 T 台的背景。阴沉的背景中模特出场，她们的脸被头发、眼睛、鼻子、下巴和脖子上浓重的红十字颜料掩盖。英国的民族自豪感萦绕在这个系列中：过膝黑色皮军靴，作为盔甲的皮革紧身衣、皮草连衣裙以及模仿掷弹兵的熊皮高帽，披着军用羊毛外套的英国军装。以带有盾牌和三叉戟的典型战士女性的形象出现的大不列颠（Britannia）是加勒斯·普该系列的灵感缪斯，用以庆祝他的品牌登上伦敦时装周（附图 6）十周年。象征着民族自豪感的大不列颠，是公元 43 年罗马帝国征服岛屿并建立省份时赋予的名称。加勒斯·普说"这个城市（伦敦）是我一切的开始，这里有我的整个创意大家庭，所以我所做的一切都在这里""这是我的家"。[9] T 台上出现了一名戴着新月形罗马头盔的模特，成为大不列颠的象征，帽子垂下几条链子，挂到模特的耳朵上、垂在胸前（头饰也将用于后续款式），全黑的服装将恋物风格与复古维多利亚风格相结合，黑色吸管连缀的爬虫装饰随着模特移动而摇曳。苦难的面具令人不安，模特似乎成为某种仪式的参与者。然而正是这种异化开辟了一个不同的神话空间，让人们专注于服装，赋予它在另一个世界空间的自主权，回到我们说的这个概念，加勒斯·普的作品表现的湮没现象。正是通过面具的非人化、未来虚幻之物的投射，促使人们反思加勒斯·普与后人类和超人的关系。

后人类和玩偶

超人类主义是技术与身体的接纳和整合，包括美容整形、假肢和其他身体功能的改善。由此将人造物掺入人体中。在人文主义中匹诺曹（Pinocchio）希望成为一个男孩，而在超人类主义和后人类主义中，男孩想要成为匹诺曹。[10] 后人类主义关联着性与性别、政治与生物学，但这一切的核心是我们如何理解自身和人道主义，如何理解非人类和技术的整合。[11] 除了哈拉维（Haraway）的性别和机器人理论之外，德勒兹和瓜塔里是后人类主义概念的重要先驱，他们将身体视为一个时常被改造和重装、生与死（例如，指甲、头发、衣服和化妆品）、生命和无生命的组合。用伊丽莎白·格罗兹（Elizabeth Grosz）的话来说，他们对身体的看法是"不连续的、不可分割的一系列过程，器官、流体、能量、肉体、灵魂、速度和持续时间"。[12] 他们对身体的看法完全符合当代后人体理论，认为人体不断地调整和变化，与玩偶的物质性质相结合，是附件和组织的复合体，可以被复制、重组、循环和替换。

就像前文提及的川久保玲和麦昆，加勒斯·普背离了过去与身体建立增补联系的时尚哲学，而利用服装从外部彻底重新塑造身体，拒绝任何内部的角度。在《千高原》(*Mille Plateaux*, 1981) 中，德勒兹和瓜塔里借用阿尔托 (Artaud) 的"无器官的身体"思考一种存在形式，一种不受限于任何内在本质的东西，比如构成正常男女的是什么。[13] 对于酷儿理论 (queer theory) 而言的后人类理论，"无器官的身体"专注于身体的可变性和性情状态，可以用以理解女性对成为芭比娃娃的渴望，理解异性恋、同性恋和双性恋，理解将自己重塑得如动物一样的人。

加勒斯·普 2007 年的第一个主要系列设计就像机器人的动物园，作品刻意地避免天然有机材料，比如毛皮、羽毛等。身体的轮廓变得面目全非，许多服装也难以操纵，模特被迫进行机械化的运动。将加勒斯·普与"无器官的身体"关联时，史蒂芬·西里 (Stephen Seely) 认为，加勒斯·普的设计反映了德勒兹和瓜塔里关于没有传统组织和自觉主体的身体的观点。

> 这可能暗示了身体的虚无主义：的确，加勒斯·普对冰冷的几何图形、极简主义色彩与合成纹理的运用可能看起来严肃而又愤世嫉俗。但"无器官的身体"实际上是一种积极的尝试，试图通过从阶层组织中夺回身体，恢复其对身体本身的所有权。[14]

加勒斯·普的设计让我们重新思考人们了解身体和性别的方式和规范。因为无法摆脱我们之前的假设，加勒斯·普的作品令人迷失方向。我们不知道它们由什么构成，不知道它们是谁也不知道它们的用途，我们与这些人的沟通机制产生动摇。西里接着指出，加勒斯·普的设计还可以与德勒兹、瓜塔里的"脸面化"（facialization）观点相关联，"脸面化"是指人们分配意义、目的和主观的过程。[15] "通过对身体'脸面化'，加勒斯·普将时尚从美丽、身体、性别和人性的秩序中解放出来，勇于创造全新的作品。"[16] 对于德勒兹和瓜塔里来说，脸不同于脸面化，后者是一个象征性的过程，在这个过程中人们不断尝试渲染抽象实体和未知的已知。给予某人一张脸就是给予其一个令人舒适的身份，而当脸被移除，我们则迷失在意义之中。"脸就是救世主，是欧洲式的，埃兹拉·庞德（Ezra Pound）称之为沉迷声色的男人（The generic sensual man），简而言之就是色情狂。"[17] 脸面性和脸面化是在接管过程中给物的分配面具的矛盾过程，类似一种殖民化。物理面具会引起人们对脸面化过程的关注，也有能力使其在进程中停止，甚至揭开被遮蔽的心理行为。

虽然必须承认加勒斯·普 2007 年系列的设计是针对女性的，并不是完全属于波维瑞的跨性别、性别扭曲的类型，但它们不仅指向一种身体，更指向一种不可通约和相互渗透的方式，一种技术和美学结合的身体，一种在揭示自身完整性缺陷前不完整的身体。

2008 年秋冬高级成衣系列继续展示着这些观点。虽然这次模特们没有戴口罩，但他们白皙的脸上画着蓝色眼线、涂着浓烈口红的科幻妆容，仿佛终结者女战士遇到了食肉动物。这次加勒斯·普使用了一些传统的面料，如山羊毛、天然纤维、羽毛和毛皮，但合成纤维仍占主导地位。许多钢铁般的灰色、极具科幻色彩的衣领和线条令人想起装饰性的未来派盔甲（附图 5）。[18]

加勒斯·普在 2014 年秋冬系列继续改写自我，否定了"自然"身体。

插图 5

加勒斯·普 2014 年秋季时装秀，巴黎时装
周，2014 年 2 月 26 日，巴黎，法国。
秀场照片。

第一位模特穿着一件厚重的白色衣服，戴着同样面料的白色高帽，服饰几乎完全遮住了她的脸。但最为独特的是展示中模特手臂的消失，袖子被小尺寸的团块和扁平物取代，让人隐隐联想到截肢者。遮挡模特面部特征的超大帽子令人想起《爱丽丝梦游仙境》（插图 5）。这个系列的作品融入了长项圈，过长的项圈需要内部结构的支撑，营造出随着模特摇摆的状态，模特的头部与周围近乎建筑的结构相比几乎没有存在感。另一位模特穿着一件看似非常传统的无袖奶油色连衣裙，直到有人发现她的背部突然出现一个巨大的双叉钥匙柄形状的物件，仿佛是设计师的怜悯和心血来潮创造的一个发条娃娃（插图 6）。

加勒斯·普非常喜欢高领，高领也被称为没有前襟开口的紧身装（即紧身套头衫）的末端，在其遮掩下，只有部分面庞能辨认清楚。该系列使用了 PVC 和塑料，其中，一位模特穿着大量层层薄片制作而成的服装。虽然有部分作品不符合前文的理论框架，但它们与其他作品有规律地混搭在一起，强调了身体运动和生物功能的新概念（毕竟长期穿着塑料材质并不舒适），这暗示了转基因的身体（比如出汗较少的身体）与转基因食物。[19]

无形和虚构的时尚
●●●●●●●●●●●●●●●

新千年以来业界围绕虚拟时尚展开了大量讨论，虚拟时尚通常指网络时尚浏览和网络时尚消费。从美学的角度来看，这种消费形式的最重要动因是摄影师尼克·奈特（Nick Knight）于 2000 年创立的时尚影像实验室（SHOWstudio），他极具洞察力地看到动态影像的简易性、

插图 6

2014 年 2 月 26 日，法国巴黎时装周期间，
2014 年加勒斯·普秋季时装秀的走秀模特。
摄影：米歇尔·杜福尔（Michel Dufour）。

推广性，以及通过万维网的传播，在静态图像中重新激发时尚表现力的机会。[20] 时尚电影也由此发展而来，它可以以时装秀现场为素材，也可以更具自主性，通过精妙的展示和数字化呈现其内在的丰富逻辑。

加勒斯·普的作品比较适合这种媒介传播，尤其是他的作品中展现的身体缺陷性和服装中的极端线条，但正是这种身体的替代关系生发出同情的表现力，肉体消失，化作银幕上的阴影。先以此类推，偏离一下主题。20 世纪末最著名、最有影响力的画家格哈德·里希特（Gerhard Richter）作品的概念中心就是照片，在他职业生涯的早期曾有一句名言："我想成为一张照片。"在图像消费、传播和认知方面，他对摄影与绘画之间的密切关系展开了透彻的研究。认知在这里是至关重要的，因为他的作品很大程度上能够通过摄影进行调解，并以此捍卫人们的理想。随着摄影在日常生活中无处不在，人们通过照片看世界，照片成为人们感知和理解世界的基础。延展一下本章的论点，我们可以说这恰好证明了技术介入的隐蔽而无形。里希特的创作有两个武器：比喻和抽象（简言之，他以抽象绘画的方式接近他的具象作品）。抽象绘画的意义起初看起来令人困惑不解，因为有些东西的结构非常均衡，并不具备纽约抽象表现主义绘画的必要条件。实际上，里希特的抽象是修辞表达上的抽象，具有不稳定性。但不可否认的是，这些作品与其他抽象表现主义不同，它们需要"亲身"观看。随后出现一个问题，即在这些照片被拍摄之前，"真实的"物质画是否是不完整的？"它们的存在是为了拍照。"联系前文，加勒斯·普的作品似乎源于异域或世外桃源，甚至有人认为他的服装为拍摄而存在，存在于虚构的时尚影像之中。川久保玲经常使用粗粝的材质，它们是现实的、接地气的，但加勒斯·普并不这样，他痴迷于合成材料和鲜明线条，他令它们闪烁在彩色灯光下，在屏幕上被复制或旋转扭曲，他甚至在怪异的月球景观上展示服装。加勒斯·普几乎将身体全部废弃，让服装自行视觉对话。

自从他与霍格本在 2009 年秋冬系列首次合作以来，时尚影像和动态图像在加勒斯·普的系列代表作品中便发挥着重要作用。能够捕捉雕塑感和戏剧性的媒介是加勒斯·普设计中的主要元素，他经常使用时尚影像作为前传或时装系列的补充。《美丽的黑暗》（A Beautiful Darkness，时尚影像实验室，2015）是一个例子 [21]，它以一个质朴贫瘠的灰色景观开始，逐渐变成深红色。同样深红色的倒金字塔嵌入沙子、成堆的石头组成的平原中，一个修长的人从中爬出来。她被包裹在同色紧身装中，头上长有一个尖刺，面部也被密集的弹性材料覆盖。她开始僵硬地旋转，然后画面切到她旋转的深红色头饰，拍摄的角度让它看起来像一颗钻石。画面再次切换，装饰着红色绒球的黑色斑点上露出石头，最终变成一个古怪的小丑，戴着圆锥礼帽遮住脸，穿着一件绽放的蓬蓬裙，她在空中打手势的身影与神秘的红色生物交错出现，随后画面出现一个废弃轮胎的景象：唯一的人类痕迹是从深红色厚圆形肋骨中出现的黑色手臂（有点像米其林人，但这个比喻不是特别恰当），人物的头部完全被倒锥形覆盖。最后，带有三叉帽的红色身影卧倒，在干燥的岩石中像昆虫那般死去。

这些在电影中寻找意义是没有意义的，因为某些存在于叙事结构痕迹中的东西难以被人察觉，相反，意义存在于人物自身的形式逻辑中。回到德勒兹和瓜塔里，他们提出的"生成动物"（Becoming Animal）是另一种同"无器官的身体"一样的他异性悖论。生成动物是达到一种没

76

有人道主义和人文主义包袱的存在形式。通过这种方式，这既是一种独特的物化，又是一种影响与理解世界的方式。

　　亚历山大·麦昆对动物有着持久的迷恋，这些动物以多种方式呈现在他的作品系列中，而加勒斯·普在许多方面继承了这一传统。虽然减少了科幻小说的元素，但身体的动物化再次出现，比如鲁斯·霍格本执导的意大利佛罗伦萨男装周＃79（2011）加勒斯·普的时尚影片。霍格本的时尚影片充斥着变态的主题，因为她思考着如何正确地挑选性别和性行为等文化理念及其主体性，并将其添注在肉体上。[22] 通过身体动作与特定图形的联系，霍格本注意到可以通过强调身份转变的多种可能性和流动性来制造机器人或混合体。[23] 这部电影在1380年被改造成教堂的谷物市场乌山米歇尔（Osanmichelle）的天花板上放映，描绘了一个8分钟的重生轨迹。在漆黑的黑色地面上，身体在空间中旋转、爬行和跳跃，最终呈现为一个直视镜头的群体，令观众感觉自己即将成为他们的猎物。霍格本利用了镜面效果，虽然这往往有落入俗套的危险，场景中出现一位穿着浓郁蓝色衣服的女人，她的身体在屏幕一侧，手臂深情而富有节奏地上下移动，产生视觉回声的效果，成倍增加的手臂效果使她成为一位东方女神。在另一幕中，一件具有未来主义流行风格、古怪而美丽的金色服装多次出现，在重复整合后创造出吸收人体的形状。随后在高对比度的黑白中，一位戴着莫西干头发型面具的模特站在白色的地面上，翻动着一件合成斗篷，这种捕捉空气的方式让人联想起加勒斯·普早期作品的充气感。片尾中的人体纠缠成戏剧化的波浪，最高的人高抬起手臂，正如文艺复兴晚期风格的雕塑中常见的，让人们脑中浮现许多肉体形象，比如詹博洛尼亚（Giambologna）著名的《强掳萨宾妇女》（*Rape of the sabine women*，1574-1582）。在柔和的灰度中，这些图形在画面周围衍生直至看起来像一幅巴洛克式的教堂壁画（如罗马圣伊格纳修斯教堂的安德列·波佐壁画，1685-1694）。同时也存在一些疑问，这些人物开始伸展、最终消失陷入虚空，或许是霍格本和加勒斯·普陷入人文主义并且快速消失的状态。[24] 娜塔莉·卡恩（Natalie Khan）在分析霍格本的非叙事时尚影片中的角色和功能时写道：霍格本的影片不再区分对象和表现形式，也不再区分影像和肉体、同时性和计划性。[25] 相反，"整体和碎片之间的界限不再稳定，它被混合生物或机器人摧毁，在实体和神秘领域之间游走"。[26]

2015 年 9 月，加勒斯·普在纽约市下东区 36 号码头举办了一场集电影、舞蹈、音乐和雕塑于一体的沉浸式多媒体活动，代替了他的春夏时装秀。身着紧身衣裤和头巾的模特随着音乐扭动旋转，韦恩·麦奎格（Wayne McGregor）为三部电影编写的音乐："混沌""升天"和"巨石"，向观众介绍了异教的英国民间传说和众多的邪教仪式。"巨石"是英国民间传说中的角色，三重奏的第二部"混沌"呈现了黑暗和危险的异教无政府状态，而"升天"则代表着重生和革新。加勒斯·普说："开场装置是一个抽象的石圈，我们穿越异教徒的无政府状态，使用对立的力量——黑与白，积极与消极，混乱与控制——这些都是我作品的标志性符号。"[27] 加勒斯·普的回应让人想起卡恩的判断，即通过再现时装系列的展示方式，例如用现场沉浸式活动取代时装表演，加勒斯·普"找到了展示和传递作品新的控制方式"。[28] 作为"雷克萨斯：瓦解设计"的一部分，三个电影装置本质上是投影在八个屏幕上的一幅三联画。采用全透明硬纱和单色印花制成的服装，宽大的轮廓与水晶五角星和圆锥形胸衣组合在一起，撕裂的纸制成的头骨像飘荡的神灵的面具和服装。雪纺圆盘类似帕德斯托·欧比·欧斯庆典（Padstow'Obby'Oss）的民俗服装，这是一种风格化的马，它会在进入城镇时用盘状面具和斗篷捕捉年轻的少女。我们再一次回到面具的概念以作为加勒斯·普所有作品的主要特征。

正如维姬·卡拉米娜（Vicki Karaminas）所言，在异教社会中，穿着类似于西方人形象的服装具有保护性或变革性的作用。正如乌鸦和帕德斯托·欧比·欧斯民俗服装，人们穿着这些神圣仪式的服装，用以召唤动物的急性本能等超自然力量。面具作为变奏符号系统的一部分，只能通过相关关系和对立关系来理解。面具话语"及其对图腾动物的超自然能量的依赖，通过语言和剪裁符号象征着身体，并产生新的眩晕力量"。[29] 带有面具的衣服可以让穿着者更具超自然能力并进入另外的世界。

面具还具有引起恐惧和极度绝望的能力，但就托马斯·哈里斯（Thomas Harris）的《沉默的羔羊》（*The Silence of the Lambs*，1988）中的主角和连环杀手汉尼拔·莱克特（Hannibal Lector）来说，玻璃纤维面具可以作为抵御莱克特对于新鲜人类肉体欲望的保护装置。莱克特的面具也在伦敦时装周的加勒斯·普 2016 年秋冬系列（附图 7）中亮相。除了汉尼拔·莱克特的面具外，模特们还穿着紧身超大号雪纺外套和形状硬朗的服装，让人想起战后时尚中的西装、夹克、铅笔裙、皮手套和飞行员太阳镜。加勒斯·普的标志性高领项圈和圣洁的光环在 T 台上占主导地位。模特的发型是"胜利卷"，在头顶卷曲，从前额向下最终收进丝网里的一种流行于 20 世纪 40 年代的女性发型，胜利卷是美国技师模仿敌军战机被击落后的形状而创造的。在加勒斯·普的系列中，发型师马尔科姆·爱德华（Malcolm Edwards）说他想创造一个"有权力的女人，或者是一个凶狠的泼妇"。[30] 化妆师瓦尔·加兰（Val Garland）将富有弹性的尼龙长袜拉到模特颧骨以上，并拉破上唇位置做成尼龙面具用以创造定义。加兰呈现的形象仿佛"琼·克劳馥是汉尼拔·莱克特的情妇"[31]，一位黑色电影中的蛇蝎美人和一个"令人毛骨悚然的错觉暗示整形手术的黑暗冲动：当魔鬼不断在面容中浮现之时，坚决地自残并抹除过去与当下的痕迹"。整形手术与魔鬼、吸血鬼和怪物的神话话语相结合，被当作物质界限解体的原因。整形手术后的身体是一个破碎、怪诞和诡异的身体，让人想起玛丽·雪莱（Mary Shelley）的《弗兰肯斯坦》（*Frankenstein*, 1818）、布拉姆·斯托克（Bram Stoker）的《德古拉》（*Dracula*, 1897）、吃人肉的汉尼拔·莱克特和野牛比尔。野牛比尔是《沉默的羔羊》中的连环杀人犯，性别焦虑的他杀人并解剖尸体，在家中地下室用缝纫机为自己制作了一件女性身体的外衣。朱迪斯·哈波斯塔姆（Judith Halberstam）认为，野牛比尔"分解性别并将其重新塑造为面具、外套和服装"[32]"他所构建的是一种后人类的性别，一种超越身体和人类的性别，是一场身份的大屠杀"。[33]

有趣的是，加勒斯·普的作品指向了第二次世界大战后黑色电影的黄金时期，当时男性对女性解放和独立产生了恐惧和焦虑，社会弥漫着悲观怀疑的气氛。当男性在前线作战时，妇女受雇于各种传统的男性工作以支援战争。蛇蝎美人，也被称为荡妇，她们具有双面性、掠夺性、颠覆性和操纵性。在对权力的渴望中，蛇蝎美人诱惑无辜的男性英雄，令其在谎言和诱惑中陷入困境，最终导致失败甚至死亡。加勒斯·普说：

"这个系列是在探索企业和政治世界的视觉能力规范。这不是一场庆典而更像是一种观察，我正在研究绝对权力如何腐败甚至演变成怪物。"[34]

时尚一直是身体不可分割的规训与反抗之地。在《时尚理论：服装、身体和文化杂志》(Fashion Theory: The Journal of Dress, Body and Culture) 身体特刊中，维姬·卡拉米娜认为，身体一直是研究时尚的特权场所，可以挑战需求和欲望。

时尚选择了身体，它不断被展示、装扮、炫耀、调整和强调。时尚以品牌、规范、表演、荒诞、节食、禁忌和违法行为作用于身体，留下时尚的印记，将它们建构在米歇尔·福柯称之为符号的肉体中。[35]

加勒斯·普 2016 年秋冬系列中充斥着蛇蝎美人的形象，这种疯狂的女性欲望形象凝聚了男性对权利的追逐和渴望，蛇蝎美人对男性产生阉割和毁灭的威胁，由此被封印进面具之中。她们的存在堕落而扭曲，"扰乱了性别身份、社会体制和政治秩序"。[36]

从加勒斯·普职业生涯的起点开始，他的作品便涉及极端的边缘政治：身份、主体、情感、性别、快感与痛苦，每个系列都将这些主题贯彻到底。但是这些作品传递的是关于变革、改造和服装的力量等恒久的问题。如果说"人靠衣装"，那么加勒斯·普又迈出了一步，就是思考服装，以及人们掩盖和改变身体的无数方式，思考服装如何帮助人们实现自己的力量，而我们通过服装改变的自己实际上才是"真正"的我们。

4

Miuccia Prada's Industrial Materialism

**缪西娅·普拉达的
工业物质主义**

在一张照片里，一位女人像死了一般躺在地上，她的腿稍微半开，双臂和手掌张开着，由此我们判断她可能死了。尸体形态和位置是凶杀电影和警方纪录片中常见的，摄影师以此传递给观众极为明显的信号。她穿着不透明的连裤袜和黑色高跟鞋，灰色羊毛大衣被撕裂到臀部，露出蕾丝衬裙。身体并不是最为重要的，她的包上更重要的细节吸引了所有观察者的目光。包是敞开的，里面的东西散落在地板上：护照、国际货币、小巧的盒子和折叠的剪报，剪报里露出利齐奥·杰利（Licio

Gelli）的脸，他是共济会 P2 分会的大导师。杰利是一位意大利金融家，涉及众多丑闻，其中包括推翻意大利总统朱塞佩·萨拉盖特（Guiseppe Saragat）的失败政变。许多人都知道杰利的秘密活动，包括他参与了墨索里尼（Mussolini）为支持弗朗西斯科·佛朗哥（Francisco Franco）在西班牙的叛乱而派出的法西斯黑衣军队。在第二次世界大战期间，他是意大利和纳粹德国之间的联络官，曾经一度逃亡到阿根廷。许多臭名昭著的纳粹分子在阿根廷躲藏。罪恶就此发生：照片中的女人被神秘地谋杀了。证据就在 Prada 手提包上。杰利的照片是一个线索，或许这就是摄影师赫尔穆特·牛顿（Helmut Newton）希望人们注意的。杰利和缪西娅·普拉达有什么共同之处？除了显而易见的两人都是意大利人之外，他们俩似乎没有什么交集。或者我们能回想起来，杰利在参与政治和战争之前曾经成立过一家纺织公司，而普拉达拥有政治学博士学位，参与过学生和工人起义，并在 20 世纪 70 年代进入时尚圈之前参与过抗议集会。杰利是法西斯主义者，而普拉达是共产主义者。牛顿的这张照片是 1986 年普拉达的第一次广告宣传活动，虽然持续时间很短。随后普拉达收到了杰利律师的一封信，警告她应该立即将该广告宣传活动从市场上撤下来，否则将会面临被起诉的风险——这是当时普拉达严肃对待的一场危机，因为时尚和丑闻总是相伴而生。

普拉达很晚才进入时尚圈，就像艾尔莎·夏帕瑞丽（Elsa Schiaparelli）一样。在 20 世纪 60 年代，她参与了一系列关于生育权利的妇女解放运动，比如产假和同工同酬的改革运动。普拉达是一位高举大旗的女权主义者。她曾就读于米兰大学，在那里她拿下了政治学博士学位并加入了意大利共产党。普拉达被叫回去掌管家族皮具事业的时候，她正在米兰著名的皮科洛剧院（Piccolo Teatro）学习滑稽表演，为她的演艺事业做准备。[1]之后不久，普拉达遇到了商业和生活上的合作伙伴帕特里西奥·贝尔特利（Patrizio Bertelli）。这样的组合看起来稳操胜券。"时尚，不是一个单词，"她说，"我总是说它是 20 世纪 60 年代女权主义者最糟糕的地方。"[2]

缪西卡·普拉达并不追随潮流，"她不想做其他人做过的事情"，[3]她反而喜欢打破既有的框架。"在我开始自己的事业时，除了一些聪明人之外，所有人都讨厌我所做的事。因为它不是传统的经典范式，当中有一些令人不安的东西。但是对于极为时尚、先锋的产品来说，它又太经典了。我永远乐于在自己的空间中存在，永远不会取悦任何人。总有一些事情会出乎意表，这可能就像我一样，但我喜欢这样。"普拉达确实做到了这一点：她打破了由严苛的奢侈品法则、品味引领者和女装设计师几个世纪以来建立的有关奢侈品的原则和概念，并设计了一种尼龙袋和背包。这些袋子由尼龙制成，尼龙是 Prada 用来做公司运动短裤内衬的新面料。它们携带轻便、防水、耐用且美观；黑色、简约并带有工业风格，面料对比鲜明，线条十分简洁。黑色尼龙手提包和三角形 Prada 标志广受大众喜爱，甚至在全球范围内出现大量假货和仿品，它将尼龙从工业品升级为奢侈品。正如记者亚历山大·弗瑞（Alexander Fury）恰如其分地写道："这是伟大的尼龙转型。"[4]普拉达继续设计奢侈品包，直到 20 世纪 80 年代公司才将业务拓展到鞋类。1989 年，普拉达推出了她的第一个成衣系列，线条简约，造型大气。4 年后，Prada 的扩展产品线 Miu Miu 问世，它以缪西卡的童年昵称命名。与 Prada 不同，Miu Miu 更实惠、古怪和前卫，主要针对年轻消费者。

缪西娅·普拉达坚持认为 Miu Miu 的创作过程与 Prada 完全不同。Miu Miu 并不像 Prada 那样复杂和纯熟，Miu Miu 的特点不是年轻，而是直率。Prada 非常精致和考究，Miu Miu 则更加天真。[5] "这一点得益于品牌的广告宣传活动，其中包括德鲁·巴里摩尔（Drew Barrymore）、科洛·赛维尼（Chloë Sevigny）和瓦妮莎·帕拉迪斯（Vanessa Paradis）等非传统女孩，以及由坏男孩摄影师于尔根·泰勒（Juergen Teller）、特里·理查德森（Terry Richardson）、马里奥·特斯蒂诺（Mario Testino）和史蒂文·梅赛（Steven Miesel）拍摄的广告。

在赫尔穆特·牛顿将那条死亡女士广告撤下 2 年[1]之后，在 1988 年秋冬 Prada 活动中，艾伯特·沃森（Albert Watson）拍摄了坐在餐桌旁的夏洛特·佩尔·弗洛索特（Charlotte Pelle Flossaut），照片里盘子颠倒了，她的 Prada 手提包旁边有一杯水。我们其实不知道这是一张弗洛索特的照片，因为照片只拍到了她面部鼻子以下部分。有趣的是，观众并不关心这个，而仅仅注意到了 Prada 包和模特的胸部。我们再看一下彼得·林德伯格（Peter Lindbergh）为 1996 年春夏时装季准备的另一场 Prada 拍摄活动。照片是超级名模克里斯蒂·特林顿（Christy Turlington）站在一排灌木丛前，手里拿着一根香烟，另一只胳膊上挂着一个 Prada 包。然而，这张照片里我们也看不到模特的脸，她肩膀以上的部分都在画面以外。观看的目的非常明确：照片中的模特无关紧要，重要的是包。Prada 的女性是被肢解、打成碎片的，呈现的是"阉割、残害、肢解、脱臼、掏膛、吞噬、爆裂身体的图像"。[6] 在她的开篇文章《时尚

---

[1] 此处原文与前文对照时间有误，原文错写为 8 年。——译者注

和共同观看》中，戴安娜·富斯（Diana Fuss）声称，女性时尚摄影中最常见的照片类型是肢解和斩首——具体而言就是无头躯干和被割下的头部。无头的广告构成了"一个不可思议的身体——一个没有身份和面孔的身体，我们无法读取任何独特的识别特征，无法找寻任何超越衣服本身有关阶级和性别的能指"。[7] 截肢的暴力描绘出的是主观性的消失。

回到艾伯特·沃森的照片中，弗洛索特的黑白影像反映了意大利"二战"后乐观富足时期的怀旧情绪，在费里尼 1960 年的同名艺术电影上映之后，这个时期也被称为"甜蜜的生活"（la dolce vita）。这部电影捕捉了罗马丰富而迷人的生活方式。第二次世界大战后满目疮痍的意大利开始了国家重建。这一时期的特点就是重建家园并进行大规模的工业化，意大利也因此获得了"经济奇迹"或"爆炸增长"的美名。这是一个文化快速变革、经济持续增长、现代化迅速推进的时期，其特点是城市中心的加速增长、工业产值的增加、国际贸易和出口的扩大以及消费品获取能力的提升。帕特里齐亚·卡莱法托（Patrizia Calefato）认为，时尚成为意大利经济的主要代言人，这是意大利最值得骄傲的明珠产业，它推动了意大利的经济和文化转型。她写道："艺术、摄影、电影、音乐、电视和广告语言对时尚来说是不可或缺的，而时尚反过来又从它们中获得了生命力。"[8] 沃森的弗洛索特照片中传递的信息非常简单，但有些不可思议：为了能够买到一件极具魅力和奢华感的 Prada 包，你在餐厅吃饭会买不起单。

20 年后，摄影师史蒂文·梅赛在 2015 年春夏时装季为 Miu Miu 拍摄的当季广告，因为有人投诉而被英国广告标准局（ASA）从杂志上撤下。该广告极具特色，22 岁的模特米娅·高斯（Mia Goth）挑逗地躺在床上，看起来装修得很干净的房间大门略微半开，邀请观众进入房间。米娅·高斯看起来像一个穿着成年人衣服的孩子，这带有性暗示的意味，根据标准局的说法这是"不负责任和具有冒犯意味的"。这个广告带有偷窥性，让人联想到东方主义油画中裸女斜倚窗户，半开房门，发出性暗示并邀请白人男性进入闺房的场面。"我们认为皱巴巴的床单和她微张的嘴巴也增强了她的性暗示印象，"英国广告标准局评论道，"她年轻的外表与环境和姿势相结合，给人的印象是广告在用性感的方式呈现一个孩子。因此，我们得出的结论是，该广告是不负责任的，并且可能会诱发严重的犯罪行为。"[9] 丑闻伴随着 Prada。

创造丑陋的酷

普拉达的设计作品经常被描述为后现代主义，她经常在一个系列中将非传统和不协调的纹理、颜色和印花拼凑在一起。面料撞色，条纹与花纹并置，看起来非常刺眼，令人不舒服。这使 Prada 的风格更为独特，并且经常被冠以"无用的"和"丑陋的"形容词。但这正是普拉达的目的，通过制造丑陋挑战传统的美学标准，探索优劣的品位。她说：

> 如果我做了什么，那就是创造了丑陋之美。事实上，我的大部分工作都是在破坏——或至少解构——传统的美的观念……时尚吸纳了关于美的陈腔滥调，但我想将它们二者剥离开来。[10]

1996 年春夏系列中，普拉达采用了老气、过时的图案，类似于 20

世纪 50 年代窗帘和桌布上使用的家用面料。这些图案要么被印在棉布或亚麻花呢上，要么被印在合成材料上。普拉达说："所以，这既是对（这个系列中的）普通图案进行突破的尝试，也是应用错觉画的尝试，因为这些图案都不是织出来的。"[11] 这个系列的主打颜色——鳄梨绿和棕色混合——从 20 世纪 70 年代以来就没有流行过。与此同时，该系列还推出了笨重的凉鞋，这与当时人们认为的性感截然相反。这些鞋是用贴花的皮革做的，尽管看起来很丑，但英国市场限量的 50 双鞋都卖光了。"那些鞋子不好看，"亚历山大·弗瑞写道，"它们不性感，在这一点上，它们不像其他时尚产品。"但这也许是它们的吸引力的关键所在。[12] 同样，Prada 的 2010 年秋冬女装系列也反映了她作为一名女性对细节的痴迷，在人们认为蝴蝶结和褶边过时的时候，她使用这些元素创作时装，即便可能被认为是粗俗和讨厌的。普拉达故意选择了各种各样的深棕色，因为它"不好用也没有吸引力"。普拉达在 1999 年春夏时装周上设计了一款她称之为"真诚时尚"的女装系列，它借鉴了传统的时尚理念：褶皱、围巾和上衣。事实上，你根本不会说它时髦，它并不是我们传统意义上的时髦货。"对于习惯了 (Prada 的) 丑陋时尚的人来说，"弗瑞写道，"她的'真诚时尚'仍然是丑的。但这种丑陋，与之前的丑陋形成鲜明的对比，这正是她所追求的。"[13] 而且她做得很好。普拉达的秘诀很简单：无论什么"过时"的东西，我都能让它"潮"起来。"从过去的时光汲取养分是时尚界的一种常见策略，然而，普拉达就像拾荒者或园丁鸟一样，从过去的系列中收集风格元素，然后以独特的方式将它们融合在一起。"由史蒂文·梅赛拍摄的 Miu Miu 秋冬广告宣传中出现的服装和样式都是 20 世纪 40 年代女性形象的后现代剪影。宣传活动充满了"酷女帮"的魅力：米娅·高斯、海莉·盖茨、斯泰西·马丁和麦迪森·布朗，好女孩变坏了。"主观现实"这个名字所暗示的内容非常准确，该系列展示了一个由 20 世纪 40 年代的文化与街头风格电影场景，背景同身着 20 世纪 80 年代服装的复古模特共同组成了平行宇宙。这凸显了普拉达的"丑陋"美学、不和谐的色彩、面料和纹理重叠：烧焦的橙色犬牙花纹外套搭配赭色蜥蜴图案的裙子，鳄鱼皮前襟搭配棉质衬衫。拍摄在纽约街头进行，有的路人停下来擦眼镜，有的停下来看着一对紧拥的情侣。性别被故意地模糊处理了，这里的女性并不被动柔顺，因为 Miu Miu 女孩知道她想要什么，也知道如何得到它。"Miu Miu 都是我在学校里认识的坏女孩，"普拉达说，"那些我羡慕的女孩。"[14]

创造性的合作

2001 年，Prada 与大都会建筑事务所 (OMA，Office of Metropolitan Architecture) 的建筑师雷姆·库哈斯 (Rem Koolhaas) 合作，设计了一间兼作展览空间的零售店，为消费者提供了新的购物方式，进而改变了他们的购物体验。纽约旗舰店是一系列 Prada 中心卖场的第一家，位于百老汇 Soho，首次展示了奢侈品牌的理念——干净与工业极简主义。有趣又具有讽刺意味的是，这里过去是古根海姆博物馆的办公室、画廊和零售空间。Prada 选择买下这栋建筑作为旗舰店是一个明确的信号，该品牌与艺术以及一种特殊品位的文化相契合。高度概念化的建筑设计和对艺术技术、空间设计的沉浸，使得这个中心卖场作为一个概念窗口，展示着品牌融合消费与艺术所做的努力。该零售空间的使用方式让顾客觉得置身于艺术画廊，别具特色的是他们每日更新 Prada 壁纸的互动墙和连接不同楼层的"波浪"楼梯。另外还有一些设计改变了房间的功能，比如滑动门上由液晶玻璃制成的双向镜子，在顾客行动时会变得不透明。纽约店是首家旗舰店，其他区域也紧随其后，成为 Prada 全球扩张和品牌定位战略的一部分。2002 年，雷姆·库哈斯和奥勒·舍伦 (Ole Scheeren) 在旧金山市中心完成了 Prada 中心的设计，他们将这个空间描述为"一个独一无二的精品店、公共空间、画廊、表演空间和实验室，抵消和颠覆了外界对于普拉达是什么、做什么、会成为什么的一般认知"。[15] 空间里有两个漂浮的立方体，作为被公众观景平台和咖啡吧隔开的两个零售空间。顶层有画廊空间、陈列室和阁楼。2003 年，瑞士建筑师赫尔佐格和德梅隆（Herzog & de Meuron）在青山区设计并建造了东京中心 (插图 7)，这是由玻璃金刚石板面组成的未来主义风格的六层玻璃建筑，当顾客走过商店时，会产生视觉上的运动错觉。随后是洛杉矶罗迪欧大道 (Rodeo Drive) 于 2004 年完工的中心店，也由雷姆·库哈斯和奥勒·舍伦二人设计，均匀分布的小山支撑着铝制建筑，环绕围合成主要的零售空间。建筑的第三层通往洛杉矶城市的扩张地带，整个店面都不存在外墙，将街道空间与商业空间融为一体。夜晚将从地面升起一面铝制的墙封锁住建筑，如同化合物封住了仓库。通过大胆朴素的设计理解奢侈品，保持了 Prada 品牌设计美学的工业极简主义特征。不久，首尔紧随其后，在庆熙宫举办了 Prada 翻转艺术展（Transformer），雷姆·库哈斯与大都会建筑事务所的同事艾伦·范·龙 (Ellen van Loon)一起再次设计了这次翻转艺术展。这座 20 米高的临时展馆建于 2009 年，为了配合文化活动展开，展馆由起重机吊起并旋转。白色透明薄膜横跨

插图 7

东京青山区的 Prada 专卖店，由瑞士建筑师赫尔佐格和德梅隆设计。由詹姆斯·雷恩斯（James Leynes）拍摄。

在各种形状的非二元钢架上，四面分别是长方形、十字架、六角形和圆形，借鉴了马戏团帐篷的模式。这种结构贯彻了可以被举起和重新设置的理念，为艺术展览、时装表演和电影节创造了独特的空间，如同儿童漫画书、电影和卡通变形金刚（*Transformers*）一样，名字便暗示着从狗到火车再到 iPod 的变形。7.85 亿美元 [16] 的债务令 Prada 几次在证券交易所的上市计划都宣告失败，这印证了那句老话，衡量成功的标准并不在于你赚了多少，而在于你欠了多少。但 Prada 并没有止步于最先进的商网和展览，非营利组织 Prada 基金会得以成立，继续支持着建筑、设计、电影和科学等当代艺术项目。

Prada 基金会成立于 1993 年，它被命名为 Prada 米兰当代艺术，坐落在 Via Sportaco 8 号，是一个给艺术家提供展览空间的旧工业建筑，路易斯·布尔乔亚（Louise Bourgeois）、杰夫·昆斯（Jeff Koons）、阿尼什·卡普尔（Anish Kapoor）、迈克尔·海瑟（Michael Heizer）和丹·弗莱文（Dan Flavin）都在此举办过展览。2015 年 5 月，策展人兼艺术评论家日耳曼诺·塞兰特（Germano Celant）被任命为 Prada 基金会董事，基金会更名为 Prada 基金会。

在荷兰建筑公司 OMA 的构思和雷姆·库哈斯的主导下，建于 1910 年的酒厂在原有七部分结构基础上结合了三个新空间：矮墙、电影院和托雷，以及另外两个新的设施（插图 8）。一个是酒吧卢斯，这是由美国电影导演韦斯·安德森（Wes Anderson）设计的空间，再现了老米兰咖啡馆风情；另一个是由法国巴黎拉维莱特国立高等建筑学院学生设计的儿童游戏区域。"基金会既不是一个老设施，也不是一个全新建筑，"雷姆·库哈斯继续说道，

插图 8

酒吧卢斯由美国电影导演韦斯·安德森设计，于 2015 年 5 月 2 日在 Prada 基金会的新场地再现了老米兰咖啡馆情调。由朱塞佩·卡卡切(Giuseppe Cacace)拍摄。

在这里，通常对立的两种情况会以一种永久的相互作用的状态对抗彼此——提供一个不会凝结成单个图像的片段集合，或者允许一方支配另一方。新的、旧的、水平的、垂直的、宽的、窄的、白色的、黑色的、开放的和封闭的，这些对比建构起新基金会的建筑空间。通过引入如此多的空间变量，复杂的建筑触发了空间的不稳定性和开放性，艺术和建筑在此从挑战彼此中受益。[17]

奇怪的是，塞兰特一直对时尚抱有怀疑态度，尤其是时尚与艺术的矛盾关系，他认为"时尚吸走了艺术灵感的血液，而艺术想要从时尚中获得名利和成功"。[18]《时尚与艺术》（Fashion and Art，2012）提到，自19世纪初，设计师开始推动艺术展示，艺术家寻求与设计师的协作，如萨尔瓦多·达利（Salvador Dalì）、艾尔莎·夏帕瑞丽、伊夫·圣罗兰、安迪·沃霍尔（Andy Warhol）、瓦妮莎·比克罗夫特 (Vanessa Beecroft）和赫尔穆特·朗（Helmut Lang）等，不一而足。"时尚渴望成为艺术，但也知道成为艺术会导致自身的毁灭。"[19]艺术和时尚有着不同的形式和系统，"时装设计是一种追求超越的职业，如同艺术一样具有创造性，但它关注的又是身份，这并不是艺术家所为"[20]。时尚需要艺术加持才能被认真对待，艺术需要时尚的商业头脑才能达到大众的要求。[21]大都会艺术博物馆最近举办了一场名为《夏帕瑞丽和普拉达：不可能的对话》(Schiaparelli and Prada: Impossible conversations，2012）的展览，展示了夏帕瑞丽、超现实主义艺术家达利和让·科克托的创作关系，以及缪西娅·普拉达对当代艺术的支持。由哈罗德·柯达和安德鲁·博尔顿 (Andrew Bolton) 策划的这场展览，其理念是通过夏帕瑞丽和普拉达之间一系列

插图 9

2008 年 3 月 19 日，女演员希娃·罗丝
身着 Prada 2008 年春夏女装系列亮相
《战栗的花朵》放映现场。加州贝弗利
山庄 Prada 中心，由多纳托·沙德拉
（Donato Sardella）拍摄。

4　缪西娅·普拉达的 工业物质主义

虚构的对话，突出两位设计师之间的相似之处，尽管两人所处的年代相隔60年。不管普拉达是追随时尚界最伟大的创新者夏帕瑞丽的脚步还是源于对艺术的热情，这两位设计师之间不可思议的相似性几乎是与生俱来的。

朱迪斯·瑟曼（Judith Thurman）在她的文章《双峰》（Twin Peaks）中写道：

> 双胞胎在出生时就分开了，但偶尔会发现她们都弹竖琴，爱吃卡真食物，而且有个名叫斯坦的丈夫。夏帕瑞丽和普拉达正是如此，她们都具有独一无二的野心。[22]

瑟曼在她的文章中一丝不苟地追踪两位设计师生活和创作实践的共同点。夏帕瑞丽和普拉达都是意大利天主教徒，她们出生在富裕的中产阶级家庭，被倾注传统文化价值观的期望。她们反对墨守成规并宣扬女性主义，20世纪20年代，夏帕瑞丽离婚后，经由曼·雷（Man Ray）和马塞尔·杜尚（Marcel Duchamp）介绍加入了达达主义运动，而普拉达是一名政治学研究生，具有左翼倾向并加入了共产党，参与了20世纪60年代和70年代的学生和工人阶级的斗争。后来，普拉达在米兰大学获得了政治学博士学位，直到40岁才进入时尚界。夏帕瑞丽则是37岁。她们两人的相似之处并不仅限于生活，更体现在她们的设计和作品系列中。瑟曼认为，普拉达紧跟夏帕瑞丽的步伐，是因为她与夏帕瑞丽的许多设计有惊人的相似之处。"俏皮的透明雨衣、视觉错位的高腰裙、无袖的冷淡装束、卡通图案、褶皱渐变的外套、奇形怪状的贴花以及无处不在的双唇图案。"[23] 瑟曼提到的双唇图案是超现实主义画作中的代表性符号，曼·雷的作品《天文台的时刻：情人》（1936）中就描绘了他过去爱人的嘴唇（连同一个女性裸体）漂浮在巴黎天文台的天空中。有趣的是普拉达的女权主义和艺术倾向聚集在她的 2014 年春夏成衣女装系列中，该系列引用政治街头艺术和女权主义的暴女运动（Riot Grrrls）[24]（附图 9），由洛杉矶和南美艺术家埃尔·马克（El Mac）、麦斯（Mess）、加百列·斯佩克特（Gabriel Specter）、皮埃尔·蒙马特（Pierre Mornet）和珍妮·德达朗特（Jeanne Detallante）创作的巨幅壁画，装点在 Prada 空间的墙壁上，配上时装系列和配饰。艺术家的宗旨是"融入女性气质、表现力、能量和多样性"。[25] 该系列包括公主款、啦啦队方格呢裙和融入卡其色和芥末色军装特点的定制服装。提及该系列深层的含义，普拉达说："我想激励女性奋斗。"

就像和夏帕瑞丽合作一样，普拉达与艺术家的合作项目范围广泛。2007 年，普拉达委托美国华裔插画家詹姆斯·简（James Jean）为纽约和洛杉矶的 Prada 购物中心设计一幅壁画，并为她的 2008 年春夏女装系列设计面料概念。这幅画描绘了一幅有趣而梦幻的景象：怪诞的仙女、吃着花的男人和在黑暗的性爱边缘摇摇欲坠的杂种生物，这让人联想到奥伯利·比亚兹莱（Aubrey Beardsley）和新艺术派的作品。该系列的特色是丝绸印花上衣配上七分裤和燕尾靴子。《时尚》（Vogue）杂志的莎拉·莫弗 (Sarah Mover) 将该系列的创作描述为"1960 年代末的早期新艺术流派，变成了一名研究了嬉皮浪漫摇滚专辑封面之后，喜欢在卧室墙上涂鸦的女孩"（插图 9）。[26]

无论如何，普拉达和简的合作尝试包括一部动画短片《战栗的花朵》

(*Trembled Blossoms*)，该片改编自英国浪漫主义诗人约翰·济慈的诗《心灵颂》(*Ode to Psyche*)，由行为艺术家詹姆斯·利马 (James Lima) 执导，采用了动作捕捉技术，其风格基于简的插图作品。简写了故事大纲并参与了电影的视觉设计，他们的目标是创作一部取材于 20 世纪 30 年代和 40 年代的好莱坞黄金时代的经典动画电影。就像华特·范·贝伦东克笔下淘气的山羊，当它独自在山里游荡时，它的眼睛闪烁着性的喜悦（见第 9 章），普拉达的小仙女漫步在神奇的森林里，遇到了潘神，他是希腊神话中的野生山神，也是仙女的伴侣。在希腊壁画和雕塑中，潘神有着山羊的尾巴、腿、角和人的上半身。半羊半人的杂交状态隐喻着生育和春天，同勃起的阴茎共同暗示着它的性能力。潘神也友情客串了瑞克·欧文斯的 2015 春夏男装系列，引用瓦斯拉夫·尼金斯基（Vaslav Nijinsky）1912 年的芭蕾舞《野生动物的下午》的编舞，舞蹈中半人半羊的农牧神在见到一群疯狂舞蹈的仙女之后对着仙女失落的围巾射精（见第 8 章）。那传递着熟悉的主题：潘神代表着纯真的丧失和性欲望的觉醒。

缪西娅·普拉达与达米恩·赫斯特在 1996 年的艺术／时装展览上初次邂逅，该展览由日耳曼诺·塞兰特和英格丽·斯西 (Ingrid Sischy) 共同举办。2013 年，普拉达和赫斯特合作开展了"昆虫学"(bug bag) 项目，设计了 20 个独家手袋，以帮助非政府组织"接触亚洲"(Reach Out to Asia)，该组织为有需要的亚洲人提供教育支持。这些手袋是由透明的塑胶外壳制成，里面和外面都是赫斯特挑选的昆虫。每个袋子都以不同的物种命名。这款昆虫包在多哈的卡塔尔沙漠中的"普拉达绿洲和达米恩·赫斯特游击果汁吧"（2013）中展出。这个概念店建在传统的多贝因巴亚特沙尔帐篷里，羊毛制成的帐篷里面有一个游击果汁吧，里面有基于土、风、火和空气四种元素的骷髅和灯箱。帐篷的外面有一个霓虹灯，上面有彩色的游击果汁吧标志。这家 1988 年在伦敦开业（并于 2003 年关闭）的店旨在重新诠释赫斯特的游击餐厅，试图在阿拉伯景观中创造非凡的体验。就像沙漠的海市蜃楼，或者是拟像，这个店面就像一个邀请游客来解渴的酒吧，欢迎来到真实世界的沙漠。

这个项目类似于"Prada 马尔法"（*Parda Marfa*，2005），它是得克萨斯沙漠的 90 号公路上安装的一个伪造的 Prada 商店（插图 10）。艺术家组合迈克尔·爱尔葛林和英加·德拉格塞特（Michael Elmgreen and Ingar Dragset）的作品被设计成自然景观。缪西娅·普拉达挑选了展出的商品，并指导了商店的配色方案和标识设计。这个装置是一个博物馆，用密封的玻璃罩陈列精美的物品——Prada 的包和鞋子。人们可能会好奇，在一条偏僻的高速公路上，为什么会有一家奢侈品精品店？这正是关键所在：这座雕塑具有重大的概念和战略意义。马尔法是极简主义艺术和大地艺术的中心，游客应邀前往现场观看雕塑，这也是一次品牌定位的实践。尼基·瑞恩（Nicki Ryan）认为："Prada 马尔法有争议的陈设并没有降低 Prada 品牌的地位，而是将其形象与这位艺术家的作品所蕴含的创新、批判和自由的观点相结合。"[27]Prada 马尔法让人想起沃霍尔的精辟预言："总有一天，所有的百货公司都会变成博物馆，所有的博物馆都会变成百货公司。"[28]Prada 马尔法 (2005)、普拉达绿洲 (2013) 和达米恩·赫斯特游击果汁吧 (2013) 都是仿造品——在荒凉的风景中仿造的精品店和酒吧——复制品和模仿品，用以提醒游客消费社会的重要内涵。精品店和酒吧都是不真实的，它们被故意创造成虚幻、模仿甚至隔绝了物质衰变世界的表征想象。

插图 10

Prada 马尔法（2005）是艺术家迈克
尔·爱尔葛林和英加·德拉格塞特设计
的永久性雕塑，类似于得克萨斯州马尔
法的 Prada 专卖店。由斯科特·哈勒
兰（Scott Halleran）拍摄。

普拉达和电影

缪西娅·普拉达的创意合作并不局限于艺术家和建筑师，她还与澳大利亚电影导演巴兹·鲁曼 (Baz lumann) 和服装设计师凯瑟琳·马丁 (Catherine Martin) 合作，为改编自莎士比亚戏剧的电影《罗密欧与朱丽叶》(1996) 和斯科特·菲茨杰拉德 (F. Scott Fitzgerald) 小说的电影《了不起的盖茨比》(the Great Gatsby，2013) 设计服装。自 20 世纪 20、30 年代以来，电影在时尚传播中就有着举足轻重的地位。当时电影院和剧院在世界各地发展起来，"去看戏"成为年轻人和老年人最喜爱的消遣方式——这一切都直接受到银幕上时尚和习俗的影响。像萨尔瓦托·菲拉格慕（Salvatore Ferragamo）这样的时尚设计师开始意识到电影的大众吸引力，成了第一个植入广告的先锋设计师品牌。菲拉格慕为塞西尔·德·米尔 (Cecil B. de Mille) 导演的电影《十诫》(Ten Commandments，1923）捐赠了数千双凉鞋，并为《巴格达窃贼》(The Thief of Baghdad，1924）等电影设计鞋子。电影成为宣传时尚广告的强大推动力，尤其是品牌广告，许多设计师都效仿菲拉格慕的做法，比如《萨布丽娜》(Sabrina，1954) 中的纪梵希的伊迪丝·海德系列、《贝尔·德·琼斯》(Belle de Jour，1967) 中的伊夫·圣罗兰作品、《美国舞男》(American Gigolo，1980) 和《义胆雄心》(The Untouchables，1987) 中乔治·阿玛尼 (Giorgio Armani) 的西装，杰克·克莱顿 (Jack Clayton) 改编的《了不起的盖茨比》(The Great Gatsby，1974) 中拉夫·劳伦 (Ralph Lauren) 的服装设计。普拉达与凯瑟琳·马丁合作设计的 40 套服装在纽约 Parda 中心展出，随后在东京和上海巡展。凯瑟琳·马丁和缪西娅·普拉达为《了不起的盖茨比》创作的时装，具有爵士乐时代的鸡尾酒会晚礼服的特色，其灵感来自当代的时装秀风格、剧照、素描和幕后花絮（附图 10 和 11）。

交互合作被融合创造所取代。马丁说："我们与普拉达的合作让人想起 1920 年代在东海岸贵族群体中出现的欧洲风情。""当时的时尚有种趋势，就是在追求特权、常春藤盟校（Ivy）风格与崇尚欧洲魅力、世故和颓废之间形成了一种对立。而我们与普拉达的合作恰好反映了这两种美学的碰撞。"[29]

普拉达的风格被认为是美国常春藤盟校风格与欧洲魅力的特殊结合，随着美国喜剧电视剧《欲望都市》（*Sex and the City*，1998-2004）的上映而进入大众的想象。该剧集中讲述了 4 个 30 多岁、事业有成逐渐进入上流社会的单身女人的友情和生活，以及她们在曼哈顿的爱情和冒险故事。曼哈顿是奢侈、时尚和单身汉之都，剧中角色包括纽约明星性爱专栏作家凯莉·布拉德肖（莎拉·杰西卡·帕克饰）、艺术交易商和浪漫主义者夏洛特·约克（克里斯汀·戴维斯饰）、律师米兰达·霍布斯（辛西娅·尼克松饰）以及贪婪的公关总监萨曼莎·琼斯（金·凯特罗尔饰）。这 4 个朋友坐拥时髦公寓、名牌服装和较高的可支配收入，她们的生活方式令人羡慕。主角凯莉·布拉德肖经常穿着 Parda 衣服或背着 Parda 的包。但该剧在颂扬炫耀这种生活方式的同时，也暴露了物质主义和消费文化的肤浅脆弱。这部剧恰好与 20 世纪 90 年代末爆发的"小妞文学"和"小妞电影"运动相呼应，后两者的核心是探索现代女性究竟想要什么。然而，尽管该剧的主旨是女性的力量，但也因为刻画了孤独、轻浮、被男人误解的女性角色，令观众回想起了传统女性的优点。

虽然黛博拉·杰明（Deborah Jermyn）注意到这部剧涉及女权主义政治的三次浪潮，但她支持女权主义的态度非常谨慎。她认为，20世纪90年代的年轻女性认为之前的女权主义议程非常教条，第二次女权主义浪潮中那种以姐妹情谊和群体团结为中心的理念消失，第三次女权主义运动的关键标志是强调个人主义和个人选择。杰明指出，所谓的后女性主义时代是"后现代主义话语可以重回男女平等的思想，根据这个原则后女权主义者可以利用他们的女权主义自由'选择'重新拥抱传统的女性气质"。[30] 在《欲望都市》中，女性"选择"穿Parda，但与此同时也必须调整自己搭配所有奢侈品牌以保持一致。Parda成为世俗的代名词。电影《欲望都市》于2008年上映，2010年上映续集。如果说《欲望都市》让Parda成为家喻户晓的名字，那么根据劳伦·韦斯伯格(Lauren Weisberger) 2003年同名小说改编的电影《穿普拉达的女王》(*the Devil Wears Prada*, 2006) 则进一步确认了Parda的顶级奢侈品牌身份。故事在全球时尚中心曼哈顿再次上演，影片围绕着时尚出版界的日常故事和传说展开。安德里亚·萨克斯(由安妮·海瑟薇饰演)是一名记者，她得到了《天桥》(*Runway*)杂志主编米兰达·普利斯特里(由梅丽尔·斯特里普饰演)的助理一职。在影片中，安德里亚意识到，长时间的高压工作会让她失去朋友和稳定的伴侣，因此她选择辞职，而不是为了工作离开她的伴侣，这在某种意义上是真正的后女权主义时尚。

5

Aitor Throup's Anatomical Narratives

埃托尔·斯隆普的
解剖叙事

埃托尔·斯隆普对人体解剖结构的痴迷是其设计哲学的基础，这一设计哲学成就了他的设计对象——服装的构造理性和功能性。斯隆普将人体视为一台机器，探索人体究竟依托于怎样的解剖结构，形成了当前的身体形态与运动姿态。他的设计构成了对文化叙事的政治性干预。斯隆普对时装业的传统方法不感兴趣。他喜欢把自己的作品当作一种时尚装置,而非一场时装秀来展示。"我想知道如何制作服装，"斯隆普说,"但我对 T 台走秀、时装季和模特毫无兴趣。我从没想过要做任何事物的反叛者，碰巧的是，我最终一头扎进了一个我实际上并不感兴趣的行业。"[1] 斯隆普对时尚本身并不感兴趣，即时尚系统、时尚产业及其一系列有倾向性的认知和诱人的形象，相反，可以说他感兴趣的东西恰巧是服装。

正如他所说，"如果你设计了一件可以穿在身上的东西，人们就会把它当作时尚来购买"。[2] 斯隆普几乎是一名彻底的男装设计师（下面会提到一次例外），他的设计过程很像产品设计师。斯隆普描述自己开始服装设计的过程，最初他勾勒人物，然后对它们的二维性感到不满，于是就开始雕刻这些图画。每一个缝隙，每一道褶皱，每一次剪裁，每一个判断，都是由形式决定的。斯隆普解释说，他的设计植根于"过程而不是产品设计，所以我想我是介于艺术家和产品设计师之间的。"[3] 重复利用曾经出现的东西就是时尚。根据这一观点，斯隆普的时尚并不是有意为之的结果，而是对肉体进行触觉分析的副产品。在详细讨论了川久保玲如何颠覆服饰、身体和皮肤的概念，以及身体和抽象的概念是如何被故意混淆之后，我们现在更容易理解这一点。从许多方面来说，斯隆普的作品就是从这种方式到时尚的逻辑演变过程，因为它不仅质疑了对内和对外、身体和服装明确的二元性，而且当这种二元性被扰乱甚至消失时，它还可能会开拓一个全新的领域。对斯隆普而言，身体和面料、衣服都是等同的。而服装反映了身体作为一个由可变部件组成的组织性整体，其结构是无视层级的。与传统的三维数字成像方法一样，斯隆普的设计，从构思到制作再到最终的外观，都与基因工程、仿生移植和身体改造等新时代技术密切相关。从过程和产品的角度来思考身体，从根本上来说是后人类主义者的想法，他们认为身体是亚稳态的，带有材料和主观的偶然性，身体不是一个稳定特征的集合体，而是一个虚构出来的功能集合体，其虚构本身是由许多子章节和叙述组成的。

斯宾诺莎的时尚
••••••••••••••••

在笛卡尔时代的服饰和笛卡尔的哲学之间，我们可以勾勒出一个简单但仍能说明问题的类比：黑色西装的高领突出了头部。笛卡尔一生大部分时光都在荷兰和佛兰德斯，高领黑色西装是那里常见的中产阶级标准服饰，这正反映了笛卡尔的身心二元论概念。现代服装一个常见但并非唯一的特点就是通过高领装或低胸装来突出头部。考虑到脸面的重要性，突出脸部可以说并不新颖，它不仅为其他选择提供了一个空间，还是一种制作服装的方式，通过这种方式，等级观念被摒弃，物品的质量由它周边的事物和它们施加的影响所决定。

从哲学的角度来说，这正是斯宾诺莎与笛卡尔的不同之处，也引起了犹太当局对他的惩罚，或者说是驱逐，天主教会禁止他的著作出版流通。斯宾诺莎反对笛卡尔提出的身心二元论，提出了一种系统地思考身体、自然和上帝的方法。在斯宾诺莎的理解中，这三者相互关联，而不是各自独立、离散的实体。通过这样的处理，斯宾诺莎将经典中的本质、主观和灵魂等概念进行了转移和整合，使它们成为错综复杂的世界秩序的组成部分。在这种模式中，整个善与伦理体系都受到了质疑：等级制度、价值观念和喜好并不是事物所固有的，而是主体或行为主体本质的反映。玫瑰并不会因为闻起来比臭鼬香所以就比它好，因为也有人对臭鼬更有兴趣，而对玫瑰漠不关心。某物的属性就是"智力认定的构成该物本质的东西"。[4]这一基本观点导致了重要的范畴错误和因果关系错误。

如果一块石头掉下来砸到某人，会有人（或者说斯宾诺莎时代的许多人）相信它是有意志的或命中注定的。同样的人"看到人体时很惊讶，他们不知道那么多艺术的成因，他们的结论是这不是机械创造的艺术，而是神或超自然力量创造的艺术，是按照互不侵害的原则建造的"。[5] 换句话说，实际上一系列错综复杂的关系，要依托于外部事物相互作用、相互服务和相互改变的关系进行解释。把它转化为服装语言，即通常人们认为服装是服务于身体的。但这种假设忽略了形式和功能实际上是相互排斥的。

作为近期研究斯宾诺莎的重要学者，德勒兹解释道："情感就是风格本身，风格是物质及其属性的情感。"[6] 如果这种解释令人困惑，某种程度上是因为它将身体和自然带入了不同的意识尺度，使人们注意到因果关系的复杂交互作用，事物与其他事物交流的方式以及可能在这种交流中发生的改变。笼统地讲，这个观点与斯隆普的关系不光在于对过程的强调，更包括这个过程预先把身体确定为多重面孔和多种表现形式的展示场所。用德勒兹的话说：

> 因此，个体总是由无数广泛的部分组成，这些部分在特征关系下属于一种特殊形态的单一本质，这些部分本身不是孤立的，它们没有内在本质，它们是由外部的方式定义的……[7]

斯隆普的方法也是如此，时装将身体呈现为某种媒介，并且始终受制于外部条件，而外部条件反过来又反映并决定了个体的意义。

为了说明这一点，让我们看一下斯隆普的电影《劳米·拉佩斯的肖像》（A Portrait of Noomi Rapace, 2014）[8]，这是一种特殊类型的时尚影像，因为它的重点在于制作——但不是制作服装，而是制作通向服装的外壳。例如被称为电子嘻哈乐手的飞莲［Flying lotus，又名史蒂文·埃利森（Steven Ellison）］，拉佩斯把她平常的衣服脱掉，穿上一件带有兜帽的紧身衣，站在一个朴素的白色工作室的讲台上，斯隆普和两个助手（穿着白色 T 恤）用石膏和纱布挡住身体不同部位为她做石膏模型。在最后一部分，他们制取了她的面部模型，完成之后，女演员离开，所有的碎片被连缀在一起，形成了一套外骨骼，一个未来派的人类蝉皮。斯隆普将这个脆弱的娃娃提起来，带到弥漫着黑色的外部空间，再把它放回去，很有深意地说，回到它的原体——穿着黑色衣服的拉佩斯。然后，这些衣服围在从天花板悬吊下来的雕像的周围，以一种方式旋转，隐喻其像一个关在铁笼里的中世纪囚犯。电影以一个灵魂脱离肉体 / 再次肉体化的身影在空间中飘荡的空洞形象结束。

因此，肖像就是这个没有生命的物体。但这并不是什么新鲜事，事实上，对于所有传统的有形雕塑来说，"石化在石头里"是一个很精准的描述，这里指的是大理石半身像和雕像。在这种情况下，服装扮演的角色是一个例外。在传统肖像照中，模特穿着能反映其情感和地位的服装。它在画像之前就已经选好了，并且服从于主体，而在这里，服装到最后才出现，肖像成为最终的部分。这就好像之前的人是为了穿衣服而存在的，而如今衣服则是为了追溯这个人是谁、确定这个人的身份而存在的。因此，这个人的"个人本质"，就像劳米·拉佩斯在这个例子中所说的那样，是由"部分"构成的，这些"部分"最终是"由外部"决定的。这是一个整体，它是内部各部分和实现这一目标全过程的相关记忆的总和。用斯宾诺莎的话来说，"人的身体与其他物质没有区别，但是构成个人形式的东西是身体的集合……虽然身体的变化是连续的，但是这种结合 (根据假设) 仍然存在"[9]。作为语料库的身体始终是一个变化的整体，但其连续性得以保留。

正如川久保玲颠覆了内外的二元对立从而破坏了身体服装，斯隆普的作品证明了服装在穿着之前，就已经通过各种各样单位的组合，定义了那个人"本质上"是什么。就像在这部时尚电影中一样，生物主体是不存在的，像一个空洞的能指，总是存在于画面之外的其他地方。正如德勒兹早期研究斯宾诺莎时所说的，"隐藏的东西表达了，但表达的仍然是隐藏的"[10]。这意味着任何事物都不可能被视为一个一致的或自主的整体，因为"一切都是细枝末节的问题"。[11] 就时尚而言，它重新定位了"经典作品"，折射出了时间 ("经典") 和物质性 ("作品") 在概念上的漏洞。

幻想的领域

斯隆普的"肖像"是其众多身体表达的一种，它重新定位了身体和服饰，而身体表露其主观性、图像和叙述的方式，要么被改变了，要么被压制了。他为其第一个完整成衣系列 2013 年秋冬男装系列取了"新客体研究"(New Object Research) 这个具有学术性的标题，就是要淡化幻想对斯隆普的人物和服装的影响。在典型的斯隆普造型中，模特的脸和手都覆盖着灰褐色的纱布，身穿黑衣的定格人体模型从天花板上倒挂或是自由坠落 (附图 12 和 13)。这让人联想起军事战斗的场景，皮质跳伞裤、精纺羊毛连帽外套、头骨帆布背包和带有隐形纽扣的双排扣西装，揭示了城市环境的末日景象。在伦敦的德雷画廊 (De Re Gallery) 展出的这个系列，与其说是时装系列，不如说是时装装置。时装装置一直是斯隆普的首选，他不喜欢传统的时装秀，更喜欢采用非传统的方式来展示服装。他对时尚的态度更像是一个有着详细产品开发理念的工业设计师。布洛克·卡迪娜（Brock Cardiner）在书中写道："埃托尔对人体解剖学的迷恋一直走在他作品的最前沿，他的时装创作结合了产品设计的实用主义与艺术的无穷创造力。"[12]

斯隆普的时尚插画方法似乎源自涂鸦，他随时随地发明人物。正如斯隆普所解释的，"这些服装就像是我创作的人物的可穿戴版"[13]。因此，这些服装都带有叙事性，尽管它们被压抑、遗忘、甚至搁置。他的画作与 20 世纪早期维也纳艺术家埃贡·席勒 (Egon Schiele) 的作品非常相似，尤其是粗糙的四肢以及蜥蜴和猿猴的姿势等意象的选取上。在评论斯隆普为另类摇滚乐队卡萨班（Kasabian）制作专辑封面时，互联网评论员凯瑟琳·范·比克（Kathryn van Beek）挖苦地说："斯隆普的画看起来有点像席勒的……如果席勒也玩过电子游戏并痴迷于爬行动物的话。"[14]这种看法一针见血，不过席勒画的人物也和爬行动物一样。而且，尽管这一时期奥地利和德国的艺术与席勒的艺术关系密切，但席勒的许多人物形象其实是死气沉沉的，如同玩偶一般：他们的眼睛一片空白，四肢无力。在其他画作中，画中的形象 (通常是他自己) 被锁在画框之中，仿佛在抵御来自外部的空虚，这是存在主义的恐怖和无聊的反映。[15] 如果席勒笔下的人物可以与维也纳的弗洛伊德、克里姆特和维特根斯坦相提并论的话，那么斯隆普的人物——绘画和雕塑——则代表了一种不同的人性概念，人物充满了表现主义的自我崇拜，已经进入了精神恍惚的另一个世界。虽然席勒的身体常常被自己身体的圈套撕裂，但斯隆普却拒绝了这个圈套，因为他们的身体似乎与知识的负担和解了，这些知识涉及他们的服装，以及身体上所有调解性的东西，都是不可或缺的身体物质和精神构成。席勒的形象经常是裸体的，或者是处于半脱衣的状态，好像衣服将要脱下来，斯隆普的身体只有在穿着衣服的时候才完整。

正因如此，斯隆普案例中的服装概念既不同于简单的着装（以身体和衣服的二元结构为前提），也不同于伪装（衣服改变了穿着者的身份）。相反，服装成为决定身份的重要因素，但在这里所见的身份并非文化或性别，而是一整套材料和经验的事实。因此，服装就成了一个密码，密码铭刻在身体上并经由身体得以体现，经验叙事借此促成了物质上的转变。

斯隆普的"新客体研究"的视频描绘了两个拉佩斯模样的人悬挂在空中，但这更像是一份草图，人物身体悬挂在空白的背景中。[16] 两个人其实是三维镜像中从相反的角度投射的同一个人。这个苍白的男性形象如神秘的蜥蜴般苗条，这也与席勒的形象，尤其是他的自画像惊人地相似。但是席勒的人物有着原始的、未经淘洗的、令人不安的特质，而这个身体是在一个无菌的环境中呈现出麻醉的状态，这个系列的标题"新客体研究"仿佛给出了这样一个前提假设：他的存在就如同科学实验中的小白鼠。背景音乐是由斯隆普最喜欢的乐队卡萨班（Kasabian）创作的歌曲［名字叫《垃圾桶》（Trash Can），给这部电影带来了关于碎片、死亡和损耗等几层意涵］，散发着诱人的危险性。在柔软的、没有生命气息的身体上衣服随着音乐节拍的变化而更换，产生了催眠的效果。从传统着装的白衬衫、黑裤子开始，其他的衣服陆续添加和变换，人的轮廓越来越不自然，甚至有些超现实；这个人仿佛是衣服的俘虏，而一切都是不可思议的黑色，这当中结合了冬季街头服饰 (连帽衫和帽衫下戴的宽边帽子) 和盔甲 (硬块和变形)，带有一种悲剧性的扭曲 (深黑色的持久存留)。

我们稍做停留，分析一下斯隆普处理时尚电影的独特方式。在这些电影中，软弱无力的、毫无生气的形象与前辈们传统的时尚电影和流派截然不同，过去的影像会将形象的运动表现得极为夸张。通过将 SHOWstudio 最近的作品，比如鲁斯·霍格本和加雷斯·普的作品，和 20 世纪初早期电影时代的作品相比较，马尔凯塔·尤里罗拉（Marketa Uhlirova）看到了呈现形式的延续，她认为这种延续植根于蛇形舞蹈。丰富的服装流动性被用作"运动和时间的物理表现"。[17] 常见的影像一般是模仿"花朵、波浪、漩涡或火焰"的形式。正如她所言，"电影将服装视为一种设备，它可以魅惑和催眠观众，这是一个充满戏剧性的实体，有可能产生多种形式和视觉效果。"这些装置能够驾驭被唤起的力量，以便制造最真实的身体和触觉。[18] 通过以上的区分，我们知道斯隆普的电影特点是所有"传统"的时尚电影所没有的：在画面的移动中，它是病态的静止，只有在设备的驱使下身体才会运动。而其他类型的时尚电影则是用移动的影像将模特带入生活，就好像斯隆普想要驯服电影，让电影叙事变成倒车挡，让动作变成停滞。这些难以安放的身体也可以看作是从一个更大的连续体中提取出来的，这正是标题所表达的，这个连续体象征着那些在画面之外的体验，因此这些服装来自特定的叙事，或者是为现有的叙事提供了元叙事。

在他 2006 年（伦敦皇家艺术学院）硕士毕业设计作品系列"当足球流氓成为印度教诸神"（When Football Hooligans become Hindu Gods）中，埃托尔·斯隆普通过设计开发了自己对身体蜕变的兴趣点。这是关于一群年轻英国足球流氓的救赎故事，他们在一次恶毒的种族主义袭击中杀死了一名年轻的印度男孩。该系列展现了这个创意的神话原型，融合了年轻男孩作为人过去遭受的暴力和作为神的神圣命运。该系列中的每一件衣服都是对印度教神的诠释，并融合了军事用途，以此作为足球服装功利性起源的参考。关于种族主义的文化叙事在斯隆普的"关于种族刻板印象的影响"(On The Effects of Ethnic Stereotyping) 中也很普遍，该系列中的黑色帆布背包具有丰富的文化意涵，代表着自杀式炸弹袭击者，在当代的政治图景中成为恐怖和暴力的象征。该系列是一个雕塑 /时尚装置，在伦敦多佛街市场推出了限量版商品。斯隆普黑色帆布背包采用骷髅的设计，可作为多隔室配饰 [1] 使用。电影中该系列从一件传统的黑色 T 恤和朴素的紧身裤开始，这些服饰慢慢地变成了一套衣服，遮住了头部，而那些引人注目的背包呈现出某种月球服或昆虫的形态。最后的成品标志着时尚电影的结尾，展示了一个倒置的人，仿佛最终被处以死刑，又像是被塞进白色的诊所空间当中。

"新奥尔良的葬礼"（The Funeral of New Orleans）(第一部分)(2008年秋冬) 系列传达了一种转变的叙事，在这种转变中，衣服从身体的遮蔽变成了乐器的保护罩。该系列回应了 2005 年卡特里娜飓风的破坏性后果，借鉴了传统的新奥尔良殡葬乐队的理念，拯救乐器，牺牲自己。

---

[1] 指带有多个隔室或夹层的箱包类配饰。——译者注

它通过设计功能和身体，探索音乐家和他们的乐器之间的互动关系。这种互动既是字面上的，也是隐喻上的：音乐家必须牺牲自己的身体来拯救自己的乐器。肉体和客体之间的界限瓦解了。影片《新奥尔良的葬礼》（第一部分）（斯隆普与杰斯·托瑟共同执导）以这个系列为特色，其中一个抹着灰泥的人体模型穿着一套相对传统的黑色西装，配着小翻领和慢跑裤。[19] 但这一切很快变得模糊起来。字幕写着："音乐家保护自己"，衣服开始像纺织品盔甲一样环绕着身体。每隔一段时间，人体模型就会吹奏小号、萨克斯管或长号，字幕是"音乐家保护他的乐器"，这时候黑色的物品就会聚集在雕像的头部，所有的东西都飘浮在空中，然后围绕着悬挂在影像右侧稀薄空气中的乐器。这不仅仅是无来由的艺术指导；它让我们想起了一种系统的、高度空间化的方式，在这种方式下，斯隆普将衣服聚集在一起，形成一个可识别的整体。与此同时，这部电影是对 2005 年席卷新奥尔良的卡特里娜飓风的高度渲染，它造成了大规模的破坏，大约 1000 人因此丧生。（随后电影中出现一个标题："美国中央时区下午 2 点 27 分官方确认了 17 号运河大堤决口，新奥尔良 80% 的地区被淹没。"）这部电影余韵无穷的挽歌特质及其倾斜删节的叙事也许是对被洪水吞噬者和那些灾难过后死于犯罪或自杀者的永恒怀念。

数字时代的时尚作品

计算机建模是斯隆普设计和创造服装方法的核心，也是他重要的造型方法。他标志性的人体模型与机器人有着惊人的相似之处，他的服装构造方法类似于特殊的数字建模，比如重建人脸的技术。这种关系一旦被搭建起来，一切似乎就完全可以理解了。在他的好友独立音乐人达蒙·奥尔本 (Damon Albarn) 的歌曲《日常机器人》(*Everyday Robots*)[20] 的 MV 中，这一点表现得很明显。画面开始我们看到一个绿色的三维物体，形状不确定，类似于一个弯曲的薯片，漂浮在黑色的地面上。很快加入了另外两个碎片，紫色的和橙色的，彼此之间仍然是分开的，但似乎有了一些基本的联系。这些形状在与音乐切分的黑色虚空中移动，随着镜头的推进，它开始变成头骨的形状。一旦聚集在一起——同时继续在断断续续的音乐中移动——它就开始被多种颜色的管状物体所覆盖，开始形成皮肤下的器官和组织的形状。每隔一段时间，头骨就会消失，露出颅骨周围的管状装置，这与钢琴外部的管状结构和罗杰斯设计的巴黎乔治·蓬皮杜艺术中心 (Centre Georges Pompidou) 有些相似，只是这些装置有着更多的朝向。管子随后脱落，某种数码黏性材料开始在头骨上蠕动，最终形成了一个头部，这就是斯隆普对奥尔本的描述。这首歌的歌词中有这样一句话："我们是每天都在变老的机器人。"通过动画，我们会产生一种奇妙的感觉：人类是受时间力量支配的机械生物。

这虽然是一个非常笛卡尔的概念，但是作品遵循的是人际关系而不是社会层级，因此这与斯宾诺莎密切相关。在针对制作这个视频的采访中，斯隆普谈到了重构达蒙·奥尔本（作品）的过程，"你看到的东西的价值，不仅仅是美丽的皮肤和最上面的一层，你会发现一切都来自其他地方"[21]。这不仅是一幅肖像，也是一幅试图表达"自然与科技对立"的作品。斯隆普指出他的作品似乎想要克服这种对立，或者把它转换成一个空间，不是毁灭的空间，而是创造的空间。

瓦尔特·本雅明的"机械复制时代的艺术作品"经常被新技术的理

论家们引用作为新媒体话语的分水岭，或者说至少是一个重要节点。这篇体量大、思想精辟的研究论文是本雅明极具代表性的成果，它从艺术作品与我们世界的关系层面去关注技术影响感知方式。本雅明更加关注视觉技术，但他的朋友阿多诺引领了录音技术的相关探讨。在此过程中，他展示了我们对世界的认知是如何与美学框架一同运作的；因此，文艺复兴的单点透视和风景画（它在 17 世纪中叶帝国主义时代成为一个独立流派）本身就是一种技术。由此可以理解，技术与我们感知世界的方式具有对应的系统性关系，因此习惯于看电影的人与电影时代之前的人有明显不同的认识世界的方式。大众文化时代创造了新的社会空间形式，虚拟电影空间的广泛应用使得这种空间形式成为可能。[22] 基于这一点我们还能得出其他推论，比如社交媒体时代之后，人际关系发生了变化等。本雅明的重要工作为后来的媒介理论家如马歇尔·麦克卢汉（Marshall McLuhan）奠定了基础。麦克卢汉描述了世界是如何被媒介这一中间项所调和、塑造和理解的，我们不是通过媒介看世界，而是依照媒介看世界。[23]

　　在时尚领域里，数码影像全方面地改变了人们接近和发掘身体的方式，不论是接触方式还是匹配服装和身体的方式。更为重要的是，数字技术让人们进入这样一种关系：在服装的本质破碎瓦解之前，身体具有传统的优先性。这种瓦解可以与川久保玲那样的设计师的创作相比，但也可以进入不同的阶段和领域。因为川久保玲通过服装本身颠覆了身体 / 衣服（语言 / 写作）的二元结构，而斯隆普（和他那一代设计师）更接近一种从始至终都不存在身体也不存在衣服的设计。因此，这是向一种"从零开始"的新方法（川久保玲语）的质变，服装可以在虚拟空间中以一种不区分身体和服装的方式进行制作。这就是为什么斯隆普的视频奥尔本的"画像"会如此生动：头部作为服装的一部分被组合起来。事实上，各种幻想通过视频的方式投射到了制作数码样品的视觉试验过程当中。特别是绞尽脑汁思索后用更直观的形式呈现的过程。就像许多传统的肖像画一样，这位艺术家更多地展示的是自己而不是他的主题。斯隆普朋友头部的组合方式，不仅是对自身设计方式的反思，也是对作品中身体与服装关系的反思。在他的作品中，身体和服装存在一种矛盾而不可分割的关系。它们在概念上独立存在（就像经典的语言与写作的动态关系），但它们也是活跃的并且只有在彼此关联中才有意义（这种相互交叉关系就是德里达所说的差异）。[24]

为了了解数字三维成像对服装设计的影响，让我们简单梳理一下人体和服装的谱系。"原始社会"或"前文明时代"的衣服被用来遮盖身体，为了保暖和保护身体的脆弱部位。文明包含着与社会化相关的禁忌，质朴与装饰在这里达到一个平衡。在古代，衣服覆盖和包裹在身体上，毫无疑问身体成为服饰最初的建筑支撑。采用现代剪裁之后，设计适应了身体，而高级成衣则从大到小设计了不同的型号。现代剪裁无论是单独设计还是批量生产，都假定了服装是由一组零件组装而成的。虽然数字化设计可以遵循同样的模型，但它也有可能会有一个更横向的方法，在这种方法中存在着无限的变化。与基于一个主题的不同变体等类似的裁剪方法不同，它可以根据一个理想模型不断进行修改。有了数字成像技术之后，没有哪个模型是绝对理想的，仅剩对模型是否具备可行性的判断。

列夫·曼诺维奇（Lev Manovich）的《新媒体语言》（*The language of New Media*）是一个相对早期但仍然相关的数字成像文本，它为数字成像的特定构造提供了许多有价值的分析，对于数字合成，它是：

> 例如计算机文化中的一个普遍操作——将许多元素组合在一起
> 以创建一个无缝的新对象。由此我们可以区分广义上的合成（就是一
> 般所说的操作）和狭义上的合成（将电影图像组合起来形成一个逼真
> 的镜头）。后者的意思对应了"合成"一词的公认用法。对笔者来说，
> 狭义上的合成是一种更为一般操作的情况——一种拼接任何新媒体
> 对象的典型操作。[25]

曼诺维奇的解释显然不以三维成像为中心，然而，在虚拟空间中制
造物体的要点呈现出一致性：装配的动态性与零件的整合。"物体一旦
开始被组装，"曼诺维奇继续说道，"就可能需要添加新元素，现有的元
素可能需要被重新设计。这种交互性是依托于新媒体对象不同程度的模
块化形态实现的。"[26] 设计对象的无限变化也假定了身体在一些层面上
的无缝对接，因为数字服装本身就是一个身体。同样的程序也被用于整
容手术和假肢设计。和过去完全服从于身体的服装剪裁不同，也和超出
身体的服装设计（例如大廓形衣服，三宅一生的"一块布系列"服装等）
不一样，在这个程序里，服装组件与身体部分没有区别，因为它们已经
构成了一个整体。身体和衣服像一个莫比乌斯环一样结合在一起，即不
断地分解和重构。此外，它也包含了过渡的身体部位（如腿）和边缘部
位（如衣领或袖口）。

他有腿，也知道怎么用
••••••••••••••••••••

这个小标题是 1983 年布鲁斯摇滚乐队 ZZ Top 的歌曲《腿》(*Legs*) 中的歌词"He's got legs and knows how to use them"。这句话当中所指的腿显然是某些女性的性感而具象的腿，而非男性的腿〔顺便说一句，这张专辑也有热门歌曲《衣着光鲜的男人》(*Sharp Dressed Man*)〕。与衬衫、外套或鞋子相比，裤子可以说是最平淡无奇的一件服装，除了健美运动员之外男人的腿又很少会被人迷恋。2010 年斯隆普试图重新调整这种认知的不平衡。在巴黎让 - 吕克和长谷川理查德画廊（Jean-Luc & Takako Richard）展出的时尚电影《腿》(*Legs*)，呈现了一系列风格化的裤子设计方案，这种风格现在被称为斯隆普风格。和他的设计相呼应，电影呈现了在一片素净的空间中悬挂着蜷缩成一团的身体，以萎靡的电子乐作背景音乐，在观众耳边断断续续地萦绕着。[27]

这部电影就如同一部没有声音的歌剧和交响诗。它始于序曲，序曲的主题是"序曲：喇叭裤、解剖裤和小腿口袋长裤"。他们的轮廓大致像焦特布尔骑马裤（jodhpur）一般，虽然更宽松、流畅和休闲。这些模特赤裸着上身，采用风格化的姿势，手紧紧地抱着头，手肘向内，使上身构成了一个相对均匀的整体。这些姿势与席勒同时代的古斯塔夫·克里姆特 (Gustav Klimt) 为维也纳医学院 (Vienna School of Medicine) 创作的如今已被毁坏的天花板画作 (1907) 中所描绘的悲伤弯曲的身体惊人地相似，可惜这幅画已经被毁坏了。当摄像机下降到脚部时，过渡动画在裤脚的底部拉开一个拉链，以显示这条裤子既可以伸展到脚踝处，也可以拉到脚上。与此同时，仔细观察图中的动画，躯干和腿的不同部位在解剖学上是不正确的，比如脚居然朝向后面。屏幕最左边会出现这些作品的标题，其中许多将在"新客体研究"系列中再次出现："小号"（由裤子的形状可以推定），"袖珍袋"，以及更具有诱惑力的"解剖学"等。第一章是"新奥尔良的葬礼"（第一部分），这部分塑造了一个年轻的黑人形象，他的手紧紧地抓着自己的脸，裤子的名字分别是"小号""萨克斯""长号""苏萨大号"，每隔一段时间，这个人的背部就会戴上像某一件乐器的毡制甲。

各个组成部分被一一列举出来，仿佛进入了一个生物分类体系或者是参与了一场临床科学实验。"萨克斯"的特点如下：

i. 多面迎风保护（夹克衫组件）；

ii. 隐藏在褶裥的传统口袋；

iii. 大腿中部偏下的对角褶皱；

iv. 护踝在踝关节附近向内偏移90度；

v. 细长的皮底护踝；

vi. 每个护踝上都有顶侧拉链。

这再一次让观众觉得自己正在见证服装机器人的产生，在这个过程中，根据预设的程序化共同目标来看，这些碎片是合理的。蜷缩身体的形象在其意义上是模糊的：主观性被废除但同时又流露出忧郁。

这部电影的第三个"章节"被命名为"剪裁概念一：负空间解剖学"，它的特点是"凹陷的装饰织物"白色裤子，也被称作"由微型雕塑的尺寸决定的多重褶皱和缝线结构"。下一"章节"是"季节特征研究"，(黑色)裤子和可伸缩的模块化足部确保了服装能够适应光线的变化。重要的是，这件衣服不是安装的，而是与生俱来的，其形式和功能都远远超出了穿不穿外套、扣带怎么扣的层面。这些被称为"性格研究"：很重要的一点是，这种表达几乎完全是依托于服装本身，客体的特征内化于服装中。"第五章"以神的名字命名："象鼻神"（Ganesh）、"瓦拉哈（Varaha）"、"韦驮（Skanda）"。这条裤子有着低开裆以及现在大家已经熟悉但仍不常见的口袋状鞋子，怪异地混合了机器人和城市街头服饰的特色。

视频中机器人形状的躯干和腿部翻转更加明显，这使身体看起来像一个玩偶，承受着普通人难以忍受的扭曲。整个系列从始至终都保持着这种令人印象深刻又难以理解的风格。第一组图像之后，人物的躯体与一对独特的骷髅雕塑被皮带固定"嫁接"在一起，像两个巨大的肿瘤一样凸出。这条叫"迦楼罗"（Garuda）的裤子带有"英国陆军长内衣裤的三角裆部"，两条肥大的圆形裤腿分别露在两条大腿上，上面配着一顶有观察孔的遮面帽子。这遵循了棒球帽的传统，毫无疑问这也是一种独特的转换，如同将山峰压缩到脸上，把主人变成了城市的汉尼拔·莱克特。最后一部分名为"蒙古"（Mongolia），在这个场景中，一个（由于脸被遮住）光秃秃的亚洲模特穿着黑色裤子，正式地确认了马裤与"马术研究一号"(Horseriding Study One) 的关系。下一项"研究"覆盖着"橡胶伍德效应亮片"，这个展示系列的五个项目都是"由牧民的姿势决定的脚踝和膝盖的永久性褶皱"。每条裤子似乎都是有目的，但并不单纯为了某件具体的事，而是为了参与叙事，但我们却无法真正了解这个魅惑又隐秘的故事。也许是由于一些不成文的规矩，或者是一场突如其来的悲剧，这些面孔都隐藏着，沉默着。仿佛这件衣服是唯一的线索，仿佛他们是从另一个平行的时空逃离出来的，只有穿上它才能知道他们来自何方。

头骨、盔甲和禁欲
●●●●●●●●●●●●●●●

从 16 世纪开始，随着盔甲的适用范围日渐缩小，盔甲逐渐变得华丽起来。换句话说，盔甲，尤其是那些我们在博物馆里可以仔细观察的华丽盔甲，大多制造于它变得更具装饰性和时代性之时。除了战争之外，盔甲还被应用于剧院，比如巡回赛和比武活动。正是为了这一奇观，最新奇的装饰和设计形式才得以发展：头盔金属表面上的鼻子和八字胡、护面的锥形山峰等。当年的暴烈场面以及萦绕在人们心头的往事，都在盔甲上一一得以展现。

2013 年春夏的男装系列中，斯隆普设计的外套、帽子和头罩让人想起了文艺复兴时期的盔甲。这个系列中有一种隐蔽的侵略性和对死亡的痴迷，这两项特点将所有服饰聚合在一起，形成了一种与朋克哥特风格明显不同的死亡风格。更确切地说，死亡是笼罩在这个系列中的一种气氛，仿佛这是那些在世界末日后的废墟中幸存者的衣服。这种具有非传统特征的服装 (如在薄纱上衣上盖一层头巾，再盖上一层面纱)，是为应对前所未有的生活条件而设计的。就像一顶可伸缩的尖顶帽，同时也是一种黑帮面具，有些外套的领子很厚，与盔甲上的大衣领相呼应。正如电影《腿》(Legs) 中所展示的，斯隆普从军用和其他特制的实用服中获得灵感，将实用功能夸大到毫无意义的程度，或者在都市的优雅

122

和机器人玩偶之间创造出一种混合体。

骷髅是一个循环不变的主题。起初斯隆普在网站上展示骷髅：一个张开大嘴仿佛有宇宙般深邃的物体，从头骨上伸出一根可伸缩的带子，底部还有一些钩子，以及各式各样莫名其妙的附加组件。这种设计让大家产生迷惑，这究竟是一个附件还是一个可以成为服装或其他物体终点的具有主体性的独立概念对象。它从人的身体形态中解放出来，在朴素的空间中自由地旋转。斯隆普制作了几个骷髅形状的背包。其中有一个由皮革制成，骷髅头上的皮革被拉长做成两个眼窝和颧骨。虽然在达明安·赫斯特的《对神的爱》（*For the Love of God*, 2007）这个庸俗典范的影响之下，骷髅在当代艺术中已经有些泛滥了，但斯隆普在帽子和包中使用各式各样的骷髅造型仍会引导人们进一步理解作品中所嵌入的死亡意涵，而这种理解本身已经成为时尚和生活的必要条件。生命本身，以及时尚的生命，都被死亡深深地影响着。一般来说，隐藏和否认死亡是时尚界的最大兴趣所在。通过将死亡放置在视觉语言的最前沿，斯隆普的设计在二次生命中以无穷无尽的形式排列着，仿佛获得了永生。

但这并不一定意味着斯隆普的作品是面向死亡的，他的风格重新唤起并更新了现代男性服饰的范式，即"伟大的禁欲（the great renunciation）"。用吉勒斯·利波维斯基（Gilles Lipovetsky）的话来说：

> 中性的男式服装，忧郁而简朴，将平等主义意识形态的神圣特质转化为资产阶级工作的节俭、美德的进取伦理。贵族阶级豪华奢靡的外衣，已然被表达平等、节约和奋斗等新社会价值的服装所取代。[28]

在许多方面，斯隆普的作品是这种"伟大的禁欲"的当代化，在这种禁欲中，当代状况的争议和末日来临前的焦虑并存于服装的形状、添加和减损之上。当然，衣服上的符号总是可以被视为具有装饰性，但斯隆普的服装结合了防御功能，仿佛预示着一场新的战争和人类时代将要面临的全新生态和社会状况。斯隆普的时装设计目的并不是愉悦和快乐，而是为未来社会状况做准备。

6 | Viktor & Rolf's Conceptual Immaterialities

• • • • • • • • • • • • • • • • • • •

维克托·霍斯廷与罗尔夫·斯诺伦的观念的非物质性

Viktor & Rolf 由维克托·霍斯廷（Viktor Horsting）和罗尔夫·斯诺伦（Rolf Snoeren）于 1993 年创立，在 1996 年该品牌通过精心设计的商业策略首次引起了广泛的关注，他们把 Viktor & Rolf 香水装在一个无法打开的瓶子里。这不只是一场高级的恶作剧，而是行为艺术，这款香水的宣发包括了市场营销、广告宣传活动、新闻稿、包装和诱人的照片等一系列复杂的程序——但香水却没有气味。这想要传递的观点很简单：批评广告业不断通过虚假的形象和承诺构造出令人满意和诱人的生活方式。然而，仿佛出于某种反讽，这款香水瓶在巴黎 Colette 时尚店售罄了。就像杜尚 (Duchamp) 的艺术品在 1912 年纽约军械库展 (Armory Show) 上获得关注后，他才被认定为严肃的艺术家。这也是两位认真的年轻时装设计师精心打磨的作品。从许多方面来看，这是他们整个作品的结语。缺席是他们作品的核心主题。缺席可以代表许多事情，比如恋物癖者试图否认的空虚；知觉和欲望的不可及性和不可约性 (适用于时尚或其他事物);时尚对象的确切起点的缺失 (玩偶、人体模型、影像或穿着者 ?);或者缺少一个能够展示 Viktor & Rolf 双人组合的纯粹之物。

在 1996 年秋冬系列的另一个精心设计中，设计师们没有创作任何衣服，而是给时尚编辑们发了一张标语，厚颜无耻地宣称"Viktor & Rolf 在罢工"，他们将标语张贴在巴黎的大街上。虽然这只是一个恶作剧，但设计师们的目的是通过制作一系列没有服装的服装来揭示服装行业的生产现状——我们根本无衣可穿。这也使得他们成为"观念时尚"的创始人，观念时尚，即抽象的、非物质的思想，是和有形的服装具有同等影响力的时尚，或者是为了传达一种想法，从而不能被单一事物束缚的服装。在许多方面，这种使时尚对象发生松动，富有生命力和流动性的想法其实也就是这本书的主题，但 Viktor & Rolf 具体如何阐释这一概念是个潜在的问题，或者说准确地定义它是一个无法实现的目标。在 Viktor & Rolf 的作品中思考观念策略的方式是一个持续的动态假设过程。对他们来说，时尚不是问题的解决之道，而是提出问题、引发思考和猜想的手段。因此，难怪他们的作品中出现了一个重要的特色，那就是重现了备受尊崇的时尚玩偶——严格意义上的第一位时尚模特。Viktor & Rolf 的玩偶不仅是处理时尚的退化性工具，还作为一个带有预期性转化的处所和一个不断被剥离的过程而存在。

因此，Viktor & Rolf 的作品存在于已经实现和可以实现之间的阈限空间中。它的香水就是这样。一方面，在真正的后现代风格中，它是对时尚品牌的讽刺性批评，另一方面它也是最终的香水，结束所有香水历史的香水，甚至结束香水之前的历史："香水既不能蒸发，也不能让气味消散，并将永远是一个潜在的信息：纯粹的承诺。"[1] 20 世纪 90 年代是香水生产和消费市场不断膨胀的时期。Viktor & Rolf 的想法是，公司往往从一种香味开始发掘自己的产品价值（比如 Tommy Hilfiger）。这不仅是因为它是利润最高的产品，还因为几乎所有的想象都可以围绕它构建。只要有足够的暗示，就可以制造出一种气味来代表任何意义。（碧昂丝香水是碧昂丝的精髓吗？当然，因为他们说是！）这种操作的唤醒能力非常容易操作又极为抽象。因此，Viktor & Rolf 只不过是把这种商业化的香味带进了他们预想的结局中。而这些香气源自原始（而非化学）材料，包含着蒸馏的精华，Viktor & Rolf 面向香水自身的本体论本质，提炼出香水作为产品所笼罩的欲望元素。他们对香水市场的非常规干预让人们注意到，欲望和承诺是如何预先存在于香水本身，以及品牌、影像和消费者对香水瓶的期望，是如何协助创造出一瓶香水的。

另一个艺术交融时尚的例子是他们限量版的塑料购物袋（2 500 个），它们直接将纯粹的商业物品变成了艺术品。和限量版的艺术一样，购物袋被复制并作为"艺术品"出售。用马尔科姆·巴纳德（Malcolm Barnard）的话来说，这是"时尚可以像对待艺术一样对待它的产品的证据"。[2] 正如我们在时尚和艺术中所讨论的那样，艺术和时尚存在于不同的表达与接受系统中，并在货币和欲望经济中有不同的反应。[3] 然而，也有一些例子表明，艺术和时尚之间存在着微妙的分歧，或者存在着一种更错位的关系。对时尚来说，效果就是所谓的时尚装置。当观念时尚脱离了传统的宣传和展示时尚的方式，当它抛弃 T 台而转向画廊空间时，时尚就变成了一种装置。例如，在本书第 5 章中，我们提到了斯隆普的作品，他更喜欢在画廊空间里而不是传统的时装表演 T 台展示他的男装系列。更近一些，在 2015 年荷兰设计周上，英国设计师艾利森·克兰克 (Allison cranke) 创建了"真人秀剧场商城"(The Reality Theatre Mall)，这是一个虚拟的购物中心，用户可以通过它定制一次性服装。时尚装置的概念非常简单，就是零售空间逐步消失并被 AR（增强现实技术）和虚拟商城取代。

观念艺术与观念时尚

"观念艺术"一词由亨利·弗林特（Henry Flynt）于 1961 年创造，他在乔治·马修纳斯（George Maciunas）编定的《运转机会选集》（An Anthology of Chance Operations）上发表出来。它被定义为"以'概念'为素材的艺术，就像声音是音乐的素材一样"。[4] 出版时，选集的标题后跟着一个副标题——偶然艺术、观念艺术、非确定性即兴创作、无意义作品、表演、故事、图表、音乐、诗、文、舞蹈、建筑、数学作品集等。这是一个口头汇编，马修纳斯当时提出一个总括性的标题——"激浪派"（Fluxus），它肇始于达达主义的自由姿态和杜尚的现成物品艺术（法语：objets trouvés，"现成物品"，但也有"偷窃物"的意思）。在托马斯·克劳 (Thomas Crow) 的准确表述中，观念艺术被称为"完全通过文本定义或规定而存在的艺术"。[5] 另一个当代流行的口号是"艺术即理念",因此也出现了诸如"艺术对象的非物质化"之类的短语,这些又重新唤起了黑格尔在《美学》(Aesthetics, 1818–1829) 中提倡的所谓"艺术终结论",这后来也成为艺术史的基本命题之一。

显然,艺术既没有终结,也没有完全非物质化,但观念艺术为许多后现代艺术奠定了基础,至少从表面上看,后现代艺术是一种以理念为基础的美学和物质对象。其重要影响因素是后现代历史主义,对于艺术来说,图像的意义由历史文献编码。这些都是影响作品意义的先遣性因素。因此,一幅正方形的画不仅是一幅正方形的画,在观念意义上也与过去正方形特征的画作相联结,比如马列维奇的作品,构成主义、荷兰风格派运动或者是稍晚的极简派的作品。艺术历史主义宣称没有任何一幅画作是独立的、不受影响的。这种思潮的基础在于,过去的艺术形式一直沉浸在一种神话中:纯粹和自主是可能的。解构主义通过揭露这些神话进入理论论争,发掘出了造成这种幻想的权力结构和习惯性假设,这种结构和假设在过去被视为理所当然。当代艺术实践中对这一概念的普遍认同,或至少是主流的认同表明,所有的视觉所指都是作为知识和语言系统的物质和概念记录而流动的,其内涵超过了当下可见的范围。换句话说,在现代主义中,先锋派积极地将自己置于历史之中,为了改变它而与历史发生对立。后现代主义和当代艺术失去了这种沉浸式的逻辑,与时间的秩序保持了一种错位的关系。比如,一个抽象绘画画家,不可能仅仅以 20 世纪 50 年代艺术家的理念来描绘抽象绘画,而必须依据抽象绘画的欣赏方式和被公众理解状况的变化进行自我反省。然而,这是理论而非实践,因为艺术家们越来越多地只是重新调整了方向,这项工作便甩给了容易蒙骗又缺乏好奇心的公众。正如艺术家克里斯托弗·伍尔（Christopher Wool）最近在纽约古根海姆的一次展览（2013-2014）所揭示的，为所谓的"后期绘画"进行辩护的概念基础可能是迂回而又蹩脚的。就像我们在引言中已经讨论过的，主流艺术在其批判性和概念化的能力上的可信度严重下降。[6]

在过去的几十年里，时尚界的观念主义可以应用到本书业已提到的所有领域和设计师，以及另外的一些人，尤其是三宅一生、山本耀司和川久保玲。韦斯特伍德本人把她的作品称为观念驱动之作，她作品中的历史主义和互文性是无法反驳的。然而，如上述例子，观念时尚已经被运用到 Viktor & Rolf 对时尚行业的影响中，其中的主体内容被极力隐藏，而这种缺席被视为一系列推断和想象的催化剂。就像 20 世纪 60、70 年代观念主义鼎盛时代的艺术家一样，当时正值抗议冷战的高峰期，物质性的对象从未被完全放弃。但是物质客体，现在是时尚的客体，只是众多语义力量中的一个元素。这始终是一个关于客体的例子，是一种语言学的给定，但它是观念艺术的本质，现在的观念时尚把语境力量的关系网放置于易读性之前。艺术作品中的引用非常重要，因为它会激发人们对历史、文化和身份的关注。时尚也是如此。黑兹尔·克拉克（Hazel Clark）认为：

> 观念艺术以其实践性而著称；语句是在表现它本身，而不是创建一个具有延续性的对象。这里，我们已经可以看到观念艺术与时尚潜在的相似之处，时尚不能仅仅被定义为服装的生产，而是要去关注时尚与时间——过去、现在和未来——的特殊关系，身体和衣服结构

的特殊关系，关注时尚展示和质疑身份的能力，时尚作为文化和社会的无声反射器的能力……观念设计师应当质疑时尚界的传统：它是什么、它是什么样子、它在身体上的感觉、它是如何被展示和销售的，以及它的起源。[7]

在 Viktor & Rolf 的第一个高级定制时装系列"高级定制时装表演"（Défilé Haute Couture，1998 年春夏）中，模特在一个刻有他们名字的基座上做展示，借此强调一次性作品的稀有价值，向沃斯和他的"作品"致敬，并延续过去他们作为艺术干涉主义者和装置艺术家创造的一系列作品。他们的第一个男装系列"绅士"（Monsieur，2003 年秋冬）系列，看着就像设计师穿着给模特们量身定制的服装。设计师们总是把自己展示成彼此的镜像：黑框眼镜、修剪过的小胡子和相配的发型。在 2001年春夏系列中，他们穿着配套的燕尾服，头戴礼帽，手持手杖，跳着踢踏舞"Putting on the Ritz"和"Singing in the Rain"。这些行为让人想起雅克·拉康 (Jacques Lacan) 著名的镜像阶段理论，在这个阶段，身体的外在形象反映在镜子中，产生了自我的概念，并成为对自我的新认知。镜像阶段建立了自我，这个自我依赖于外部物体，依赖于"他者"。在拉康的观点中，镜子中的形象并不能反映出个人对"整体"统一身体的感知，这是理想的形象。这个主体是分裂的，人们将在一生中努力实现这个完美的形象。在 Viktor & Rolf 的案例之中，完美也是在彼此的映射中实现的。

"无"的展现

从某种意义上说，Viktor & Rolf 是在 1996 年 10 月在阿姆斯特丹的火炬画廊举办的展览《发射》（Launch）上崭露头角的。当时他们的设计生涯才刚开始不久。他们在这里展出空香水瓶，但同时也有部分时装秀作为补充，包括缩小版的 T 台、精品时装店、摄影工作室和虚假的香水新闻发布会。伯尼·英格利什（Bonnie English）说，Viktor & Rolf 的活动凸显了新闻曝光和媒体炒作是如何产生比服装展示本身更大价值的。[8] 这款空香水瓶参考了杜尚 (Duchamp) 的艺术作品《巴黎的空气》（Air de Paris，又叫 Air 40cc of Paris Air，1919）[9]，它是一个闻名遐迩的泪珠一样的玻璃球。但除此之外，香水设计还加入了后来的观念设计，比如迈克尔·克雷格 - 马丁 (Michael Craig-Martin) 将一杯水放在视觉水平线上方的一个玻璃架上，并命名为《橡树》（An Oak Tree，1973）。

到目前为止，在被称为"制度批评"的艺术作品当中，《发射》这个作品向时尚的转化是最有说服力的。包括迈克尔·阿舍 (Michael Asher)、安德里亚·弗雷泽 (Andrea Fraser)、马塞尔·布达埃尔 (Marcel Broodthaers) 和汉斯·哈克 (Hans Haacke) 等艺术家在内，制度批评调查了各种人对艺术的支持，迄今为止，艺术"本体"的首要地位经常被压制或忽视。无论是详细描述马奈宁静生活的艺术作品（Haacke），还是拆除隔开画廊区域的墙壁以展示办公空间（Asher），制度批评都会使其发生反转成为艺术作品，展示艺术品的设置和措施并不是中立、不带任何倾向的，而包含了大量潜在的引导和假定。观众在此引导之下能够对此艺术品有所体悟，受到震撼，艺术家尽其所能去揭开意识形态的给定要素，这是在艺术作品传达和诠释的过程中隐含而有力的因素。

在 Viktor & Rolf 最早的作品中，服装并不是核心对象；事实上，无论从字面上还是隐喻上，物质性的服装在很大程度上都处于悬置状态，他们主要关注的是时尚界作为一个制度性的存在，它的规则和通道，以及它有多么难以洞察。1995 年 10 月，他们的早期展览之一《空虚的表象》（L'Apparence du vide）在巴黎的帕特丽夏·道夫曼画廊（Galerie Patricia Dorfmann）举行。受到礼品包装的启发，这件完全由金银线制成的小丑服被链子挂在空中，悬停在平铺于地面的黑色透明硬纱衣服之上，就像闪闪发光的奖杯下面那邪恶的阴影。在金色的乙烯基墙上，有一列世界顶级模特的名单，伴随着一群孩子背诵名字的声音，仿佛在教室里上课。在人们仍然觉得服装展览有利可图的时代，尽管这件作品在艺术界和时尚界受到了一些关注，但是其艺术性甚至在今天仍值得怀疑（因为根本没有体现），甚至根本就不属于艺术。[10] Viktor & Rolf 在办完这场展览的第二年宣称"Viktor & Rolf 在罢工"。

当 Viktor & Rolf 正式开始时尚创作时——尽管 1998 年他们的第一个系列没有被巴黎高级时装联合会注意到——他们继续利用缺席和不在场的观念展示服装和时装秀中无法包含、传递和表达的内容。在 1998 年春夏时装周的"高定时装秀"中，设计师们把模特放在一个基座上，这个基座破坏了他们作为有生命的、自由思考的人类的地位，反过来把他们当作"创造者"的附属品，而"创造者"本身就是设计师。对于 Viktor & Rolf 来说玩偶是一个重要性不断提升的意象（稍后将详细讨论），玩偶这个意象再次被放入了"俄罗斯套娃"系列之中。该系列仅邀请了一位模特，麦琪·瑞兹（Maggie Rizer），她站在旋转舞台上，身上覆盖着一层层织品，那是由所有织品设计师亲手制作的。就像俄罗斯套娃一样，里面的娃娃被她周围的织品层层压覆包裹住。

如果有人还对以"虚空"作为复现的潜台词有任何疑问的话，我们可以看看在 2001 年秋冬系列中，Viktor & Rolf 以一个明确的标题"黑洞"（Black Hole）创作的作品。可以预料到，这个系列完全是黑色的，但无疑带有大量科幻元素。但 T 台上最引人注目的部分是模特染成黑色的头发，他们的脸和其他暴露出来的肌肤也都被涂成了黑色（附图 14）。人们很喜欢用诸如死亡、末世论或灾难之类的形容词来描述这个系列。然而这可能有助于回归川久保玲的"侘寂之美"，因为除了抽象之外，它没有任何审美的目的，对于展现古典作品的中立性、封闭的时尚，以及那些希望融入生活的、没有装饰的线条和平面的时尚也具有非凡的意义。尽管阿道夫·卢斯 (Adolf Loos) 和勒·柯布西耶 (Le Corbusier) 这样的现代主义者把装饰视为客体和永恒形式的缺陷，但我们当然知道，这样的风格并没有消失，也没有成为一种无风格或大众风格的存在。相反，这个系列提出了这样的观点：只有通过某种特定的过剩才能达到匮乏。我们看到的都是识别度很高的风格，有人甚至觉得太过鲜明。但是这种风格以静止和无声的形式存在，我们需要将它们插入抽象的、无法言说的同类事物之中。比如，通过加大音量然后突然关掉音量，人们就会对虚空产生深刻的印象，因而人们说最有野心的音乐是沉默。

密码
••••

与虚空相关的最微妙的系列是《非物质万岁（蓝幕）》系列〔Long

Live the Immaterial（Bluescreen），2002 年秋冬］，其中心概念颜色是亮蓝色 (附图 15)。

　　时装表演开始时非常安静，一位身穿黑色连衣裙和大衣的女士在内里口袋周围露出了一些蓝色的配饰。但是随后蓝色的装饰改变了颜色，就像刚才只是一个被投影在上面的图形一样。后面的模特也是如此，她们都穿着黑色服饰，除了围巾、特色腰带、皮带扣、帽子、手袋、长筒袜或鞋子等小配饰，这些小配饰的颜色和图案都随着她们身上的投影而改变。当观众们习惯了这些诡计时，表面上一些支离破碎、被打断的形状变得清晰可见：天空、沙漠景观、热带潟湖、鲸鱼、热带鱼、日落。五六个模特之后，主导的黑色在浅褐色和白色的衣服中渐渐褪去，蓝色成为主导的颜色，服装开始大面积地使用钻石图案 (这是他后来喜爱并反复借鉴的即兴喜剧的小丑服装，在 2008 年春夏的"丑角"系列中达到顶峰)。投影继续作用于蓝色部分，令身体显得冷静沉着，好像在接受核能充电。风格变得更加东方化和植物化，投射的轮廓更具有梦幻感。为了模糊有形和无形之间的界限，模特们穿着纯蓝色的服装走出来时，同时被投射到整个空间的几个屏幕上，这种效果让整个时装秀达到了高潮。当这些图像投射到他们身上时——他们的头上交织着城市交通和公路网络，这更像是都市风情而非如画的风景——他们的双手似乎飘浮在半空中，而身体只是包含这些图像的轮廓剪影。最后所有模特共同上台展示着他们被城市的夜景和最后的烟火所浸染的身体，以及身体所容纳的其他空间。

　　这里的亮钻蓝涉及两个关键点。其一，对于当代观众来说，也许更容易看出来的是，蓝色属于色度键控，也称为色度键合成、颜色键控或颜色分离叠加。它最常见的用途是在图像中插入特殊效果，在视频游戏或者更常见的天气预报中叠加背景。人物可以站在任何颜色的单色地面上，但大多是蓝色或绿色，因为它们的色调与人类的肤色差别最大。这一做法早在 20 世纪 30 年代就已被发明，但现已被更倾向于使用绿色的数码色度键控取代，为了让视频摄像机更敏感地作出区分。但是在模拟的胶片上它是蓝色的，因为高对比度的胶片只能对蓝色做出反应。T 台上充满未来主义色彩数字技术的华丽服装，这是一个重要的区别并将引出第二个关键点。

　　他们在此系列中一直使用的亮钴蓝，毫无疑问是"国际克莱因蓝"(International Klein Blue)，这种颜色与一位法国艺术家同名 (实际上也是可以互换的)，他以修辞学的姿态定义了这种颜色。Viktor & Rolf 在"虚空的表象"中已经借鉴了伊夫·克莱因（Yves Klein），参考了克莱因的著名照片《坠入虚空》(*Saut dans le vide*，1960)，照片中艺术家张开双臂从一座建筑中飞跃而出。在此之前巴黎艾里斯·克拉特画廊(Iris Clert Gallery）举办了展览《情感感知能力向稳定图片感知能力的具体化，虚空》(*La specialisation de la sensibilité à l'état matière en sensibilité picturale stabilisé, Le Vide*)，在展览中他搬空了画廊空间内的所有东西，只留下一个大空柜子。为了展览，画廊的窗户被漆成特有的蓝色，空间入口处的窗帘也被漆成这个颜色。参观者可以品尝蓝色的鸡尾酒并排队进入空荡荡的空间。

　　克莱因还在舞台上设计了一些富有创意的表演：地上铺好一张纸，一位裸体女性在纸上拖拽自己满身的颜料，他将之称为人体测量。最著名的一次是 1960 年在巴黎上演的，伴随着他自己的《单调交响曲》

（*Monotone Symphony*），三个唱诗班唱响同一个旋律打破了 20 分钟的沉默。模特使用标志性的蓝色。为颜色命名不仅是一个聪明的、隐秘的策略，人们都很支持这个行动，因为大家希望研究艺术家的意义以及战后艺术创作的本质。正如他自己所说，"20 世纪的艺术家应该寻求融入社会，而不要去做一个怪人。"[11] 在人体测量中，他扮演了主持的角色，并自豪地宣称他"不再被颜色弄脏，哪怕是指尖"。[12] 克莱因是第一批在媒体中间游刃有余的艺术家之一，大家将这位艺术家视为策展人或项目经理。把他所有的冒险联系在一起，并赋予它们连贯性的线索，即他自己的蓝色。

但为何是蓝色呢？阅读哲学家加斯东·巴什拉（Gaston Bachelard）的著作会发现，斯特芳·马拉美（Stéphane Mallarmé）依托"蔚蓝"（azure）作为比喻的中介来探索虚空的表达：在诗歌《蓝天》（*L'Azur*）中可以找到这样的线索，比如"逃离，闭上眼睛，我感受到仿佛有人在注视 / 用他悲壮的悔恨 / 在我空虚的灵魂。逃往何处？"[13] 以及"徒然？天蓝色的胜利，我聆听谁在钟声中歌唱。"[14] 马拉美是出了名的最晦涩难解的诗人之一，[15] 他对语言和表达的门槛、诗歌唤起的力量以及词语产生虚空的能力都很感兴趣。他的"蔚蓝"是一个核心概念，用来表示消失和溶解，转化为气体和无形。它是我们和虚无之间的屏障。克莱因还在他的书《空气与梦想》（*L'Air et les Songes*）中引用了巴什拉的话："在蓝色的空气中，人们比任何地方都更能感受到世界对不确定性退想的渗透。只有这样，幻想才真正有深度。蓝色的天空才会在梦里生长。"[16] 克莱因把这些想法和相关的思考作为"克服艺术问题"的线索。单一色调的蓝色，在明亮的原色颜料中（他说，颜料僵化了颜色，就像金钱僵

化了个体)[17] 会产生一种无法通约的感官体验。它是"无法定义的"和"终极的"手段——Viktor & Rolf 同样珍视的概念——"非物质的"。[18]"那么，蓝色，就是无形的密码。密码不包含内容时就是不存在的。在这种情况下，蓝色是无法承载事物的象征符号。鉴于蓝色是他和他自身（也许今天它变得非常容易辨认，以至于我们的推论已经不仅仅是隐喻了），因此他也是一个化身，是艺术家的替身。

进入虚空的另一个尝试是 1958 年至 1962 年间发生的概念和表演片段《非物质形象灵敏度区域》（*Zones de sensibilité picturale immatérielle*），克莱因在巴黎出售空地以换取金币或者金箔，卖点是他们购买的是空白。他相信，只有像黄金这样的物质才能保证这种交换的进行。表演的第二部分是在一位艺术评论家的见证下将一半的黄金投进塞纳河。此行为旨在恢复平衡，因为购买就意味着空间不再是完全空白的。其余的金子都被放在金箔上作为他的艺术品。这是一件相对知名的作品，但在描述中漏掉了一个鲜为人知的事实，即当黄金在投射到彩色胶片上时，它的彩色底片实际上是同样鲜明的蓝色。克莱因的行为也因此被解释为自我毁灭和自我消解的渐进行为。

玩偶
●●●●

延续着始终萦绕在 Viktor & Rolf 作品中的"缺席"和"微缩"的主题，玩偶是存在—缺席的终极难题，它在展示一个人的同时，也暗示着他的缺席。玩偶，似乎从事业初期就一直困扰着他们的作品，从"空虚的表象"里的"不可能服装"到"发射"系列里的道具，第一个时装系列中矗立在基座上的雕塑般的身体，到"原子弹"（Atomic Bomb）中对人形身体的反抗，在"黑灯"（Black Light）系列中真实模特与塑胶模特的互换，再到"俄罗斯套娃"系列中的直接引用。玩偶是他们作品中最直接的特征，它是过去服装的备忘录，也是对时装展览永恒性的无限争论与疑虑的最终解决方案。卡罗琳·埃文斯认为，玩偶代表了现代性的疏远效应的幽灵，尤其与女性形象有关。[19]Viktor & Rolf 的玩偶体现了时尚的永恒，他们通过一个精小的复制品捕捉到了永恒性，并借此象征时尚业生产和制造的无情体制。提醒人们不要忘记阿多诺，他将蜡像博物馆、木偶剧院和墓地称为"资产阶级工业世界的寓言"。[20]

2013 年 6 月，皇家安大略博物馆 (ROM) 首次举办了《Viktor & Rolf 玩偶》（Viktor & Rolf Dods）展览 (该系列之前在伦敦的巴比肯艺术画廊展出)，展出了 30 个维多利亚时期的瓷娃娃，它们穿着设计师时装秀系列的小型复制品，在一个小型时装表演装置上展出 (插图 11)。这 70 厘米的玩偶按照秀场上的模特造型进行设计，包括头发和妆容。时尚装置暗含的概念是对时尚变化的时间和速度的感知。这一概念首次出现在他们的"No"女装成衣系列中 (2008 秋冬)。在"No"系列中，两位设计师对快节奏的流行与过气表明立场。时装秀一开始，一名模特穿着灰色风衣，上面写着"No"的字样，看起来像是胸衣上立体的浮雕，接着是一件绣有亮片的 T 恤和绣有"Dream On"字样的无肩带黑色薄纱连衣裙。对霍斯廷和斯诺伦来说，玩偶体现了永恒的概念。"这些瓷娃娃特别吸引我们的是，"罗尔夫·斯诺伦评论道，"现在的时尚是一次性的，它变化得太快了。我们制作这些玩偶，感觉就像在冻结时间。"[21]

Viktor & Rolf 第一次涉足微缩作品领域是本章前文讨论过的他们在

插图 11

6月17日，英国伦敦巴比肯画廊举行的"Viktor & Rolf 之家"私人展览全景。由戴夫·贝内特（Dave Benett）拍摄。

阿姆斯特丹火炬画廊展出的春夏系列"发射"。他们在一个小型的 T 台上展示了小模型，包括一个商店、摄影工作室和装有小香水瓶的灯箱。他们的时尚梦想世界小规模地实现了。"我们创造出了我们想要达到却又遥不可及的终极目标。这些微型模型代表了时尚界的一些最具象征意义的处境，我们想要让它们成为现实。"[22]

虽然语境不同，但也适用于玩偶的概念，苏珊·斯图尔特（Susan Stewart）优美地写出了微型世界如何创造了一个有限的空间和冻结的时间："微缩景观提供一个凝固的画面和空间，带有原有事物的所有标志。"[23] 微缩景观代表了复制品或双重的意象，并带有所有的欲望符号。就像我们在《双重时尚：绘画、摄影和电影中的时尚》（Fashion's Double：Representations of Fashion in Painting, Photography and Film）一书中提到的，时尚总是体现了复制的矛盾性，这代表着从衣服向时尚过渡的基础，因为它标志着从实用到符号的过程 (这是罗兰·巴特的核心洞见)。因此，与单纯的服装相比，时尚是一种象征。这个象征应该被理解为穿戴者所想的投射，或者在这种情况下，媒体和广告向人展示的欲望和诱惑。而其意义已经被投射到时尚的展示和消费之中。这意义很大程度上来自于时尚的营销和展示方式，从时尚杂志的照片到电影，时尚意象的强大传播能力决定了何种样态是最理想的。这些范式远比这个季节应该穿什么，最近"流行"什么要复杂得多，它们由多种来源形成。作为一个超我的代表，给时尚世界提供"什么应该"和"什么可能"的声音,困扰着那些对时尚感兴趣的人,"激起我们欲望的是服饰所代表的，而不是服饰本身。"[24]

尽管玩偶看起来很古怪，但玩偶的高度市场化至少可以追溯到中世纪晚期，从那时起玩偶就与时尚界的语言密切关联。当时人们利用玩偶在各个城镇和国家传播服装潮流。一些最早为人所知的玩偶，如古罗马时期的玩偶，被称作"芭比娃娃"（芭比娃娃在成为玩具之前也是一种时尚玩偶），是社会和性别道德的榜样。[25] 关于玩偶在宫廷中流传的最早记录之一出现在 1396 年法国查理六世的账目上，它记录了给罗伯特·德·瓦伦尼斯（Robert de Varennes）、刺绣工和巴伐利亚的伊萨博[1]（Isabeau of Bararia）的贴身男仆的付款记录，献给"英国女王的玩偶和它们的衣橱"。另一个稍晚但非常值得注意的案例是费德里科·贡萨迦 (Frederico Gonzaga) 在 1515 年代表弗朗索瓦一世书写的一封信件，信中向他的母亲伊莎贝尔·德斯特 (Isabelle d' Estee) 索要一个玩偶。[27]

到了 16 世纪初，时装玩偶已经有了专业的制作工匠，当然，这些人也制作面具和戏服。人们对玩偶细节的关注越来越多，这就使得它们逐渐与玩具分道扬镳，而被视为宫廷服饰文化的一部分。到 17 世纪晚期，法国的裁缝师们用玩偶传达设计想法已经成为一种常见的做法，但其实时装玩偶在身体表达上具有欺骗性，因为这是一种小型的广告，其说服力来自玩偶和衣服的制作。由于当时女性本身行动受限，旅行又极为困难和危险，因此在时尚和品位的沟通和传播中，玩偶具有不可估量的作用。

随着现代时尚的兴起，女性和玩偶的关系变得更加微妙和复杂。在古代，玩偶的目的是指导基本的仪态准则。而在现代，对理想角色模特概念的强调被提升到新的水平，意味着我们要减少自由的行动和意志。

---

[1] 法国国王查理六世的王后。——译者注

女人与布偶的交叉关系最鲜明的表现就是紧身胸衣，它使女性的身体呈现出一种不自然的形状，类似于商店里的假人，从而使人联想到时装玩偶、人体模特和商店假人之间的对应关系。[28] 活着的女人不得不把自己插入到这个人造空间的某个位置中。从 19 世纪中期开始，越来越多的玩偶成为时尚产业的一部分用以教育和传播理想范型。第二次世界大战结束时，时装玩偶达到了历史顶峰。为了给时装业注入活力，巴黎高级定制时装公司向旧概念找寻灵感。时装设计师们将精心制作的时装玩偶与那些令人联想起昔日无忧无虑、享乐主义的巴黎风格的服装搭配在一起。

当被问及自身对玩偶的偏爱时，Viktor & Rolf 说，他们认为玩偶象征着游戏，这些"成人玩具""像是掌控一切"。[29] 它们也是一种有效的手段，帮助理解和整合过去的作品：

> 十年后，当我们想到办一个"回顾展"时，我们的第一个念头转向了这些玩偶。我们强烈地感到有必要做一些与我们过去的作品相关的事情。利用玩偶，使它成为新故事的一部分，甚至是一个更大的故事，把它变成新的东西——当然，也可能和过去相似。在玩偶的房子里展示这一切，就好像是对未来的一种巨大的投射，或者更准确地说，是对未来的一种回顾。我们总是试图改变自己的过去，控制自己的命运。从一开始我们就很清楚，我们想利用这次展览来创作新的作品，而不考虑时装系统的环境和条件。[30]

可以肯定的是，我们能清晰地看出 Viktor & Rolf 所做的每一个系列、每一件作品都与时尚系统之外的一些领域有所结合。这种向外界的延伸也是他们勾连时间主题的做法，带入过去和未来的线索，以创造一个假想的可能性空间。就像任何玩偶一样，他们自己也是想象性饰品的催化剂，但也是作品的重要标志，以确保他们的时尚产品不会过时，能够坚定地存在于多个生命周期。这也是玩偶与生俱来的神秘特质，它向人们展示无法进入的领域，带领人们进入一种全新的、不可预知的体验。这些玩偶以不失优雅和天真的冷漠眼神凝视着我们，但它们也脱离了我们的经历、身体和愿望。如果大量的时尚内容与欲望相关，那么他们潜藏的欲望就会被悬置，或者从我们身上剥离，转移到完全不同于我们世界的宇宙中。

"NO"与超越

在他们 2008 年秋冬系列以明确的标题"NO"命名之后，可以说 Viktor & Rolf 作品的虚无主义色彩渐渐消退了，或者说有了形而上的转变，至少表面上是这样。虽然这个系列可能具有延续性，但 2015 年春夏系列打破了所有认为他们正朝着乐观方向前进的寓言。印着鲜艳花朵的 A 字裙笨拙地贴在身体上，模特头上装饰着大而怪异的干叶子和人造花。与其说它象征着田园式的幸福，倒不如说它在呈现自然的突变，或者记忆和博物馆中的自然影像，为了演出刻意夸大膨胀。这些衣服，尤其是它们呈现的方式，充满了自然力量干预的怪诞之感。再来看看玩偶，模特们就像被神秘地赋予了生命的稻草人，这个系列因为过度补偿而产生了一种怪异感——过多的自然意象，因而无法记录任何自然。这是电脑游戏和其他虚拟环境中复杂制版和影像的本质。

除了 2015 年秋冬巴黎时装周上在东京宫（巴黎当代艺术的重要场所）展出的"可穿戴艺术"之外，没有任何一个时装系列更能证明时尚与艺术之间的关系，同时能让我们得以管窥观念艺术的运作方式。正如标题所示，模特们穿着的服装简直就像是被框起来的艺术品。设计师们在外套和面料上使用了铰链式的框架，服装仿若肖像画框中散落的画布，成为抽象的艺术品。但与 Viktor & Rolf 的其他作品一样，这不仅仅是一场时装秀或概念系列作品，更富有表演艺术色彩。设计师兼任行为艺术家，他们解开模特身上的衣服挂在白色的墙上（附图 16）。最后的作品是一幅移动模特身上的荷兰派静物画。这种破碎、操纵的悬浮结构令人感觉像是荷兰画派的杰作，但随后模特消失了。正如设计师们补充的那样，"艺术在超现实性画廊中走近生活。衣服变成艺术品，又变成衣服，再变成艺术品，如此往复。诗歌成为现实，又变回幻想"[31]。和往常一样，两位设计师穿着同样的黑色牛仔裤、T 恤和白色运动鞋——宛若双生子。

7

Rad Hourani's Gender Agnostics [1]

拉德·胡拉尼的性别不可知论

时尚界一直谨慎地保持着对性别的自我意识。当代服饰中存在许多中性风格服装，比如 T 恤和牛仔裤，它们是女性为了经济性和实用性而制作的，但通常由男性穿着。在 20 世纪 60、70 年代，中性风格达到了顶峰，雌雄同体成为第二波女权主义者动摇男性权力的视觉能指和政治工具。然而，严格地说，"真实"或类似真实的雌雄同体的东西，将涉及既定性别的服装、配饰和造型方法的反叛或融合，以消除性别的生物学解读。

在过去的 5 年中，时装通过使用变性 (反性别) 模型动摇了性别的分水岭，如女装品牌走秀模特安德烈·皮吉斯（Andre Pejic′，即现在的 Andreja Pejic′）、哈莉·尼夫（Hari Nef）和 Lea T，与福特模特公司签约的男模奥运游泳选手凯西·雷格勒（Casey Legler）。皮吉斯是化妆品品牌 Make Up for Ever 的代言人，而 Lea T 则和丽得康（Redken）美发产品有合约。2015 年，纽约首家变性模特经纪公司开业，进一步增强了时尚界对性别和身体的观念转变。纽约新一波的设计师品牌，包括 Ekhaus Latta［麦克·埃克豪斯（Mike Ekhaus）和佐伊·拉塔（Zoe Latta）创立的品牌］、Moses Gauntlett Cheng［大卫·摩西（David Moses）、埃斯特·冈特利特（Esther Gauntlett）和珍妮·程（Jenny Cheng）创立的品牌］和 Hood By Air［谢恩·奥利弗（Shayne Oliver）创立的品牌］开创了中性审美，包容了所有性别、种族和身体类型。Hood By Air 的奥利弗称他的品牌为"权力服装（powerwear）"，而不是"中性服装"，Ekhaus Latta 被称为"后性别"的激进时尚。这群设计师在自己的社交圈子和创意圈子中招募时，相对于传统的时装秀通过经纪公司招募模特，这被认为是一个彻底的转变。高戈·格雷厄姆（Gogo Graham）是近期的一个例子，他的时尚品牌的目标客户是跨性别者和女性，该品牌于 2016 年春夏在纽约艾斯酒店（New York's Ace Hotel）推出。时装秀人员全部采用跨性别者，包括模特、DJ 和摄影师，他的灵感缪斯萨琳娜·贾拉 (Sarena Jara) 也是跨性别者。埃克豪斯和拉塔也让他们的朋友和缪斯参与了其时装电影和"偶发事件"（happenings），这是一个比传统时装秀更受欢迎的展览平台。Ekhaus Latta 的时尚电影《蟑螂》(Roach) 由艾利莎·凯罗琳斯基（Alexa Karolinski）导演，她以其不墨守成规和实验性的时尚风格著称，

《蟑螂》也被 Daze 杂志评为 2015 秋冬最具煽动性的竞选视频之一。从专业设备到苹果手机，这段视频采用了多种设备进行拍摄。视频中，设计师大卫·摩西（David Moses）(摩西的扮演者) 和艺术家约翰·默瑟·摩尔 (John Mercer Moore) 跪在一张床上，床上散落着男性生殖器的图片 (透过隔板的孔洞)，上面覆盖着鲑鱼和成群的苍蝇。另一个场景是一个男人在野外小便。除了摩西和默瑟·摩尔之外，《蟑螂》还邀请了同为创意艺术家的斯凯·张伯伦（Skye Chamberlain）、摄影师罗伯特·库利特（Robert Kulist）和鲍比·安德鲁斯（Bobby Andrews）。诺拉·斯莱德 (Nora Slade) 吟诵着设计师们写的一首诗。为了吸引人们对身体和性别理想的时尚刻板印象的注意，创意人士爱娃·纽瑞（Ava Nirui）和亚历克斯·李（Alex Lee）共同设计了一个装置，芭比娃娃穿着 Ekhaus Latta 和 Hood by Air 的微型服装。新一波的中性风格引发了人们对时尚、时尚史以及其中流动和模糊的性别建构的更大疑问。最后，在流行文化领域《超级名模》(Zoolander) 的续集中恶搞了时尚与商品文化，一个雌雄同体的模特出现在场景中。为了让他们卷土重来，资深男模特德里克·祖兰德［Derek Zoolander，本·斯蒂勒（Ben Stiller）饰］和汉瑟尔［Hansel，欧文·威尔逊（Owen Wilson）饰］面临"现在世界上最大的超级名模"的挑战，他的名字是"All"［本尼迪克特·康伯巴奇（Benedict Cumberbatch）饰］，他宣称"All is all to all""只和自己结婚"。他是一个"非二元性别存在"。[2]

活跃在纽约的加拿大设计师拉德·胡拉尼以其 2007 年推出的中性品牌 RAD 而闻名。胡拉尼的设计刻意去性别化：他称之为"不可知派"，他们关注的是男装和女装中的共同元素，如 T 恤、夹克、牛仔裤和鞋子。

在 2014 年春夏系列（附图 17）中，胡拉尼让身穿黑色衣服、戴着银色面具的模特们登上 T 台，令人难以明显区分模特的性别特征。通过该系列和其他系列，包括他的摄影和视频装置，胡拉尼将自己打造成了中性时尚界的核心设计师。

中性、无性和性别暴政

服饰的性别特征与文明一样古老。它遵循仪式和常识的法则，关联着男人和女人在其物种生存中所扮演的不同角色，最终不仅成为功能的表征，而且如图腾一般成为他们所占据的空间和归属的身份的标识。它除了是生活必需品之外，还是一种与众不同的度量单位。从现代性的角度来看，服饰的符号更为抽象和多变，因为它是权力和阶级的集中呈现体——而不具有任何仪式性的真实性，但它存在一种难以捉摸的、斗争的关系，一方面占有地位，另一方面渴望地位。

然而，服饰的性别并不是人类与生俱来的。因为在某些文化，尤其是非西方文化，遵循的一些服饰习俗中，性别是不可辨认的，或者至少是不明显的。其中一个例子就是明治前的日本服饰，中、上流社会的男男女女都穿着小袖和服，这是一种组合的包裹型衣服，以灰褐色和米黄色为主。宫廷服饰有"大袖子"（osode）的规定，内衬的颜色会显露在衣领和袖子上。用腰带（obi）包裹的行为可以追溯到中国隋唐时期的服装风格。镰仓时期日本服饰开始简化，尤其是上层阶级开始倾向于更简约的服饰风格，以响应内战的贫困环境带来的紧缩政策。丝绸内衬会涉及性别 (比如女性的樱花或仙鹤，男性的龙或云)，但这些并没有公开展示。正是这一层在明治时期被解放为一个自由处理的部分——和服。实际上，日本的现代化运动的一部分就是抛弃了性别表达中更为隐晦的风格，转向明显区分男女的两种服装风格。从此以后，两者的差别将十分明显。日本女性着装风格是当时日本女性气质的突出代表，而男性则穿着国际工业从业者的服装：黑色西装、礼帽、手杖和手套。这种区分是对 19 世纪末西方社会的反映而非复制。在西方，男人穿着套装来完成工作，女人则穿着紧身胸衣以展示自己的身材。

19 世纪末现代女性服饰的发展引起了无数的非议，人们担心它们会变得过于男性化。女权主义者是布卢默里主义者(Bloomerist)[1]的同义词，他们穿着东方风格的蓬松打底裤，即使搭配着裙子，也似乎直接无视传统的女性气质。香奈儿和帕图延续了这一趋势，他们推出的简约服装注重灵活性和多样性，因为在 20 世纪初，上层中产阶级往往每天要换几次衣服。对实用服装的强调也意味着人们更倾向一种更普遍、更通用的服装，这种服装混淆了性别差异。年轻一代对这种新奇事物表示欢迎，而年长一些的人则认为这种变化严重破坏了社会规范。在中性的方向上，一个重要的分水岭是第一次世界大战后香奈儿创作的一款衣服，流行的、款式多样的长袖蓝白色条纹棉衬衫，也被称为水手服（marinière），这是自 1858 年海军制服条例实施以来法国水手的着装。香奈儿亲自设计了这款衬衫，后来，毕加索、让·热内 (Jean Genet) 和马歇·马叟 (Marcel Marceau) 等人都穿过这件衬衫，该衬衫也因此闻名。

---

[1] Bloomerist 由 Bloomer 一词演化而来，Bloomer 是一款服饰名，它由一种土耳其风格的服饰改良而来，深受美国劳动女性喜爱，后来人们用一位美国女权运动家 Amelia Bloomer 的姓氏命名了这款服饰。——译者注

在香奈儿的设计风格倾向中，另一个较少被提及的削弱了传统性别差异的因素是她的体型：苗条、窄腰和小胸。[对于那些批评凯特·摩斯（Kate Moss）之类模特太过苗条的人来说，香奈儿在塑造时尚文化中瘦弱模特形象方面发挥了重要作用]。20 世纪初，在她职业生涯的早期与艾提安·巴勒松（Etienne Balsan）交往时，她经常穿男装。正如香奈儿近期的传记作者朗达·加里克（Rhonda Garelick）所解释的：

> 这一时期的照片显示，香奈儿穿着敞开领口的男式衬衫，系着小女生的领带，套上从艾提安那里借来的超大号粗花呢大衣，再像男人一样戴上简单的草帽。与那个时代典型的厚重而华丽的混合物（如香奈儿所描述的"头顶的巨大配饰、羽毛、水果和白鹭的纪念品"）相比，这些小草帽看起来自然而别致。[3]

显然穿男装是参与"伟大的放弃"的一项战略措施，用以复兴弗格尔（Flügel）的口号，并与烦琐、华丽和昂贵的风格脱离。她在战争年代末期和战后的设计因其经济性而饱受赞誉，这在当时是可以理解的。尽管香奈儿是中性（体育）服装领域中引人注目的先驱者，但中性服饰和双性服饰的概念，只有在男女界限明确的时期才显得独树一帜，也就是 20 世纪 60 年代和 70 年代，当时的人们将服饰视为击碎不平等的性别差异的解决办法。

自 2008 年以来，拉德·胡拉尼始终积极地使用他的未来主义标签"中性"来挑战二元性别观念。他将生物的性与性别之间的概念缩小为行动、表演、呈现和存在的方式，他明确表示：

"雌雄同体是一种风格，女性化是一种风格，男性化也是一种风格。我想做的不是雌雄同体的衣服。我所做的是创造一块中性的画布，人们可以用它来适应自己的风格和衣橱，想怎么穿就怎么穿。中性不是一种风格，而是一种中性的服装和生活方式。"[4]

　　帕高·拉巴纳 (Paco Rabanne)、皮尔·卡丹 (Pierre Cardin) 和安德烈·科黑金 (Andre Courreges) 等设计师在 20 世纪 60 年代就一直在思考男女平等的现代美学理念，在涤纶和尼龙等新型合成面料中采用简单的剪影和图案，这些面料与任何特定性别都没有历史性的关联。在女性解放运动的影响下，设计师们设想了一个不受生理性别支配的时尚未来。以出生在维也纳的美国设计师鲁迪·简莱什 (Rudi Gernreich) 为例，他的前卫设计在 20 世纪 60 年代被视为创新，反映了那个充满狂热质疑、打破传统、革命和解放的时代。简莱什以其功能主义的弹性针织衫而闻名，在他的设计哲学中，为了简洁的极简主义线条，可以消除所有不必要的添加与装饰。在开始从事时尚职业之前，简莱什研究了舞蹈和解剖学，他非常了解特定面料对身体运动的限制。在女性以焚烧文胸象征自由，反抗父权制的性别限制时，简莱什设计了一款尼龙材质的"没有文胸的文胸"，乳房可以遵照其自然形状，不必为了变得性感取悦男人而向前推挤。简莱什构想的是一种以立领、束腰外衣和连身裤为主要元素的中性未来服装，并于 1975 年为英国科幻电视剧《太空：1999》设计了中性泳衣和丁字裤 (插图 12)，该剧由盖瑞（Gerry）和西尔维娅·安德森（Sylvia Anderson）编剧，由英国独立广播公司 (ITC)、意大利广播公司（RAI）联合出品。

插图 12

鲁迪·简莱什的"丁字裤"。简莱什说，中
性泳衣是由相扑选手穿的"绳"(string) 与
腰布 (Mawashi)、20 世纪 30 年代奥地利工
人的泳装以及"人字拖"演变而来的。摄影：
贝特曼（Bettman）。

插图 13

鲁迪·简莱什 1970 年的"中性服装项目"
系列，由贝特曼拍摄。

"中性服装"的概念被简莱什自称为"一种不确定的革命性的无名制服"，此概念在他的"中性服装项目"（Unisex Project，1970）中得到了深入探索。男女模特被剃光了全身体毛，穿着一样的服装：比基尼、迷你裙、长裤和三角内裤（插图 13）。

雌雄同体和"第三性"
••••••••••••••••••••

　　太空时代的设计以及"他和她的"连衣裤和披风，很快让位于一种更为性感的雌雄同体的服装风格，它不再回避所有的性别标识，而是结合了服装设计中的男性和女性元素。主流时尚也从赫尔穆特·纽顿（Helmut Newtown）拍摄的颠覆性（女性）双性人形象中获得灵感。这幅照片色情地再现了玛琳·黛德丽（Marlene Dietrich）（她是双性恋）。这一标志性的变装形象（即穿着异性服装）来自她在 1930 年由埃米尔·詹宁斯（Emil Jannings）根据亨利希·曼（Heinrich Mann）改编的电影《蓝色天使》（Blue Angel）当中的角色。黛德丽在昏暗的街道上拍摄饱含欲望和权力暗示的影像。1966 年由伊夫·圣罗兰设计的"吸烟装（Le Smoking）"是一款专为女性设计的无尾礼服，受到了流行文化和女性运动的启发，这是该类服装中第一款引起时尚界关注的作品。"吸烟装"与其说是指一件吸烟夹克，还不如说它指向认为女性公共场合吸烟实乃离经叛道的旧观念，同时也是圣罗兰"波普艺术"系列的一部分。其外形是黑色夹克衫和镶着四个纽扣的条纹裤，还有一件笔挺的高腰缎纹衬衫，上面是一件白色薄纱上衣。这套西装受到一群时髦的时尚偶像们的热烈追捧，其中包括凯瑟琳·德纳芙（Catherine Deneuve）、贝蒂·卡

插图 14

伊夫·圣罗兰的细条纹衫裤套装。单色晚
礼服"吸烟装"是他的代表作,由瑞格·兰
开斯特(Reg Lancaster)拍摄。

图 (Betty Catroux)、冯丝华·哈蒂 (Francoise Hardy)、丽莎·明奈利 (Liza Minelli)、露露·德拉法蕾斯 (Loulou de la Falaise)、劳伦·白考尔 (Lauren Bacall) 和碧安卡·贾格尔 (Bianca Jagger)。伊夫·圣罗兰将继续重新诠释由卡其布狩猎装和黑衣条纹组成的富有男子气概的外形 (插图 14)。

与此同时，美国设计师罗伊·候司顿（Roy Halston）利用干净的线条和极简主义的设计创造出舒适实用的服装，如衬衫连衣裙和无肩带雪纺长袍，这些服装也开始与那些时常打扮靓丽优雅、出入新兴迪斯科舞厅俱乐部的国际社交圈名流相关联。(插图 15)

这种舒适的风格是职业女性解放的象征，宽松外套、裤子、风衣和上衣成为她们衣橱里的必备品。街头服饰对主流时尚的影响不容低估，伊夫·圣罗兰和候司顿等设计师受到了第二波女权主义浪潮中性服装风格的影响，创造了一种表达自我认同和女性解放中"姐妹情谊"的服装。这种雌雄同体的服装风格是"反时尚"的 (记住，这不是对时尚的一种背离，而是其中的一个子类)，其特点是舒适和宽松，比如法兰绒衬衫、宽松的夹克和裤子。它的目的是"隐藏"被男性凝视和媒体渲染的女性曲线。短发、网球鞋、勃肯凉鞋或弗莱靴也被认为是"反风格"的一部分。

尽管这种服装风格的初衷是为了打破男性主导的性别秩序，但雌雄同体的服装设计者还是优先使用了男性特征和男性风格服装：衬衫、领带、短发、单片眼镜和西装。自 20 世纪 20 年代以来，雌雄同体的概念就时不时地在时尚界流行，人们使用"假小子（boyette）"或"女汉子（boy-girl）"等词来称呼它，但它与性别偏好无关，因为它是"现代的"。这种穿着男性服饰、配饰、截单片眼镜和手拿香烟的潮流是"二战"后女性第一次获得选举权、褪去繁复的裙子换上裤子后，自由和颓废的象

插图 15

在华盛顿特区美国公园警察的护送下的伊丽莎白·泰勒（Elizabeth Taylor）、罗伊·候司顿和丽莎·明奈利。图片来源：《华盛顿邮报》。

征。男装也同样受到中性风格的影响，皮尔·卡丹诠释了传统中式领口、尼赫鲁 (Nehru) 夹克 (以印度总理的名字命名)，伊夫·圣罗兰为男士设计了棉质卡其旅行套装。自 20 世纪 60 年代以来，各种各样的女性化服装样式出现在 T 台上，男人们穿裙子既是一种越界行为，也是一种另类生活方式的宣示。20 世纪 90 年代中期，英国足球运动员、都市美男偶像大卫·贝克汉姆（David Beckham）拍摄了一张身着让·保罗·高缇耶（Jean Paul Gaultier）设计的围裙的照片。让·保罗·高缇耶 2002 年春夏系列"巴黎人"（Ze Parisienne）中就设计了一件串珠条纹毛衣和一条黑色弹性羊毛长裤裙搭配的"Mussette"。

雌雄同体意味着同时具有两性的特质，也是词源上的"男人"（anēr, andr–）与"女人"（gunē）。就像柏拉图《会饮篇》（Symposium）中所提到的那样，在西方思想史上，雌雄同体在阿里斯托芬关于人类情爱的独白中第一次得到了思考。在这里，阿里斯托芬解释了两性之间的紧张关系的来源。很久以前，男女曾经是一体的，之后被分裂为两部分（即男女两性），于是人们注定始终在寻找失去的另一半。但人类最初不是两种性别，而是三种性别：男人、女人和"男女的结合体，它有一个与这种双重性别相对应的名字，这种双重性别曾经真实存在过，但现在已经消失了，'雌雄同体'仅作为一种羞辱性的语汇而保留下来"。[5]

他接着描述了一个极为古怪的生物，它有四只手臂，两张脸，"两个参与成员"，等等。[6] 它们显示出非凡的力量，被视为对众神的威胁。宙斯想出了一个解决办法，将它们一分为二，阿波罗重新塑造了他们的形态，治愈了因分离而造成的伤口。但在这之后，每一半都不能没有另一半而独存，故而面临着"饥饿和失去自我"[7]的危险。为了解决这个问题，宙斯把生殖器放在了前面，这样"他们播种的种子不再像以前地里的蚱蜢一样，而是互相播种"。[8] 因此，异性之间可以繁殖，还有：

> 男性追求女性，是为了相互拥抱、繁殖后代，从而使种族得以延续；男性寻找男性，也可能得到满足、休息，再去继续生活；对他人的欲望如此古老，它根植在我们体内，使我们的本性渴望回到整一的状态，使两个人合为一体，并治愈人类被剖开的伤痛。[9]

这个论证很有说服力，因为异性恋是一种以繁殖为目的的"拥抱"，而同性恋则会带来满足感和平静。一种是为了物种存续，另一种是为了幸福、坚定而积极地生活。

而且，根据阿里斯托芬的寓言，第三性是少数群体，在他的拓扑结构中第三性是同性恋。第三性，亦即雌雄同体，是渴望成为女性的男性或者渴望成为男性的女性。因此，第一性别"男人—男人"和第二性别"女人—女人"显然占大多数。此外，这些人中最有男子气概的是那些最初关联着其他男性的男性："他们年轻的时候，作为原始男人的一部分，他们在男人周围徘徊并拥抱他们，他们自己就是最好的男孩和年轻人，因为他们最具有男性的天然特征。"[10] "虽然他们没有生育孩子的天性，但他们有义务这样做。"[11] 爱是感受与往昔对立之人相结合的和谐统一。

此外，唐娜·哈拉维（Donna Haraway）在她的《赛博格宣言》(Cyborg Manifesto)[12] 中提出了性别的"第三选项"，这是跳脱出了二元逻辑的陷阱后，对后工业时代女性的另一种思考。她的新思路背后的另一个动机是寻找另一种思考性别和女性特质的方式，而不是陷入笛卡尔和康德推论的阴影当中。用伊莱恩·格雷厄姆 (Elaine Graham) 的话来说，赛博格选择了"为一个非二元、后性别、后殖民、后工业世界塑造一个具有讽刺、颠覆性的典范"。[13] 此外，"哈拉维认为，赛博格是有机体和控制装置的混合状态，引发人们的质疑，即西方社会定义的什么是标准人类本体论意义上的纯粹性。"[14] 事实证明哈拉维的见解具有预见性，因为千禧年后技术化的身体从根本上动摇了过去我们关于自然人的基本假设。在某种程度上，我们都受到科技的调节和制约——从我们的基本生理机能到对自己身体进行的主动调节，比如通过饮食、锻炼、手术、滋补甚至一些极端方式改变身体。变性是这些手段之一，这在发达国家或多或少被认为是理所当然的。它为人类提供了一种过去从未拥有过的可能性，也切实提醒人们注意到性别的易变性。与此相反，胡拉尼的性别不可知主义呈现了一个近乎中立的核心地带，从那里散发出越来越极端的性别与身份的变异性和可能性。

运动中的身体

和斯隆普一样，胡拉尼不仅是一名设计师，还是艺术家、摄影师和电影制作人，他的作品主要关注人体运动的各种方式。"运动和设计一样重要，就像文学和食物一样重要。"胡拉尼不仅关注不同场合、不同地点、不同行为中的身体是什么状态，而且还注意到了这些身体做了什么，尤其是如何做。运动超越了性别时尚，成为胡拉尼的主要关注点，他关注身体与运动的耦合，进而生产新的概念以思考被性别化的身体的存在与毁灭。胡拉尼在他的多媒体展览《无缝》(*Seamless*, 2013) 中借助一部短片探索了身体运动，展示了他 5 年来所做的图像、摄影和"中性"高级定制时装系列。新黑色电影《中性》(Unisex) 由爱德华·洛克 (Edouard Lock) 编舞，芭蕾舞演员卓菲娅·图加（Zofia Tujaka）担任主角。在蒙特利尔的 Phi 中心，芭蕾舞演员随着纽约作曲家尼可·穆利 (Nico Muhly) 的乐曲剧烈地舞动。这部电影的目的是捕捉该品牌的中性气质，并探索身体如何成为表达和运动的场所。图加的姿势引起了观众的注意，她的动作在身体中留下了一个不可判断且充满可能性的空间。这部短片将背景设定在一片漆黑的舞台上，影片一开始，图加穿着不对称的黑色裙子，她的金黄色的短发整齐地向后梳，展现出她雌雄同体的强烈特征。影片渐渐褪去黑色，图加的黑色针织裙子褪去，套装取而代之，头发也从金色转变为黑色。虽然这部电影是要让人们注意到性别的界限模糊，但实际上胡拉尼使用芭蕾女演员是为了观察服装在其身体上的感觉、身体的柔韧性以及令身体感到舒适的因素。[15]

时装和芭蕾舞之间的合作对设计师来说并不新鲜，因为他们早就被芭蕾舞演员在昏暗舞台上醉人又魅惑的旋转所吸引。香奈儿与俄罗斯芭蕾舞团创始人谢尔盖·狄亚基列夫 (Sergei Diaghilev) 保持着长期的合作关系。她不仅为《蓝色列车》(Le Train Bleu) 芭蕾舞剧设计服装，而且多年来一直是芭蕾舞团的创意和财务支持者。最近，克里斯汀·拉克鲁瓦 (Christian Lacroix) 与巴黎歌剧院芭蕾舞团 (Paris Opera Ballet) 开展了一项重要合作。2011 年，艺术总监碧姬·勒法福尔 (Brigitte Lefevre) 委托拉克鲁瓦制作了 77 套服装，使用了一百多万颗施华洛世奇 (Swarovski) 水晶。[16] 拉克鲁瓦说，他想给人留下这样的印象：这些服装和芭蕾舞一样，它们在长时间的沉潜中完整地保留着自己的初心和记忆，而且与锦缎、装饰品和珠宝的富丽相比，还不乏质朴与沧桑。

2013 年，纽约市芭蕾舞团 (New York City Ballet) 与时装设计师合作了一部芭蕾舞剧。艾里斯·范·荷本（Iris van Herpen）和本杰明·米派德（Benjamin Millepied）共同创作了《乌有之乡》(Neverwhere)，奥利维尔·泰斯金斯 (Olivier Theyskens) 和舞蹈指导昂热兰·普兰洛卡 (Angelin Preljocaj) 一起创作了《幽灵证据》(Spectral Evidence)。不仅时尚设计师为芭蕾舞设计服装，还有一些芭蕾舞剧是为了致敬时尚设计师而创作，比如皮特·马丁斯 (Peter Martins) 创作的《舞会》(Bal de Couture)，剧中使用 Valentino 的舞会礼服致敬这位设计师。还有一些设计师从芭蕾舞剧中获得灵感，比如克里斯提·鲁布托 (Christian Louboutin)，他为英国国家芭蕾舞团 (English National ballet) 设计了一双尖头鞋参与筹款活动。这款 8 英寸高的尖头鞋使用了鲁布托标志性的红色鞋底，上面镶嵌着施华洛世奇水晶。

这段时长两分钟短片的"中性"(Unisex) 并不是胡拉尼对身体的初次探索，"中性的解剖——出口"(Unisex Anatomy—Exit) 这一系列摄影作品，展示了拼接的赤裸身体，它将男女物质并置，打破了性别和种族的固有假设。胡拉尼选择拍摄拥有两性身体结构的理想身体，是为了让人们意识到"性别和种族的不同仅仅是幻觉……身体先于服装。"[17] 该系列注重通过"触摸"和运动改变身体。正是通过这种身体的接触，胡拉尼思考着一个充满可能性的空间。身体永远不会固化，它充满突变、转换和变化的可能性。这种变动的理念改变了将身体简单地看作散漫的社会性建构的观念。对胡拉尼来说，身体永远是变动的、多元的。

作为装置的时尚

在画廊与胡拉尼极简主义设计美学的融合中，时尚与艺术找到了交叉的重心。作为 2011 荷兰的阿纳姆时尚双年展的一部分，胡拉尼选择使用多媒体装置而非时装秀展示他的时装系列。这部名为《无框架》(unframe) 的影片传递出通过视频和声音探索时尚的乌托邦式愿景。在移动的城市景观和以光为唯一元素的背景下，影片通过同时拼接多幅服装和景观，成为胡拉尼创作作品的"取景器"。其结果是，时尚作为一种商品与一种特定场所的艺术品，出现了一种混合。2015 年 11 月，胡拉尼在蒙特利尔的阿森纳当代艺术中心 (Arsenal Contemporary Art Centre) 推出了"中立"(neutral) 系列这一多学科的艺术作品，该系列不仅展示了他的"中性"时装品牌，还表达了他对没有界限和限制的中性世界的愿景。该系列包含了绘画、摄影、雕塑、时尚、声音和影像的 33 件艺术作品，"主张不一致是个性的本质……倡导一个没有国家、性别、年龄、种族、界限和制约的世界"。[18] 这个展览让观众沉浸在一种时装秀难以提供的互动体验之中，时装不仅仅是时装，还被视为雕塑。进入画廊空间后，观众面对的是三扇敞开的大门，它们被贴上"所有性别、所有肤色和所有社会阶层"的标签。这个名为《敞开的门》(Open Doors, 2015）的悬挂雕塑旨在鼓励公开对话，同时也作为进入展览的入口或"门槛"。由于其时尚视角和哲学的影响，胡拉尼的设计总是在二元中徘徊；男人或女人，开放或封闭，黑色或白色，打开或关闭。《无限制》(Limitless, 2015）修改了一个形状和颜色如同警示标志的路标。《平等》(Equal, 2015）是四个代表平衡、平等空间的矩形雕塑，而《一》

（*One*, 2015）则描绘了一个没有边界和国家的大陆。胡拉尼作品中性别不可知的一面在《方位》（*Orientations*, 2015）中体现得更明显，作品以不同形状和大小的聚氯乙烯 PVC 和虚拟肌肤材质 UR3 的女性和男性生殖器为特色。这是个关于爱情应该如何克服西方文化中严格的封闭性别分类的有趣讨论。此外，2015 年他还设计了"中性"服装，这是巴黎时装周上首次展出的中性高级时装系列的一部分。该系列使人们对性别的理解达到了一个全新水平，从而被时尚界所铭记。这一系列也使胡拉尼受邀加入法国高级定制服装联合会 (Chambre Syndicale de la Haute Couture)，该组织掌握着高级定制时装生产领域的行业标准。

与观念时尚一样，时装装置首先关注的是创意，而不是成品或艺术品。同样，装置艺术家更关心观念的呈现，而不是艺术品本身的材料。然而，不同于观众能体验到的观念时尚，时尚装置，就像装置艺术一样，仍然根植于物理空间。装置艺术起源于 18 世纪的室内装饰，艺术与房间的所有家具、装饰细节融为一体；它也起源于建筑空间的目的性绘画，如莫奈为了巴黎的橘园创作的《睡莲》（*Nymphéas*）；库尔特·施威特斯 (Kurt Schwitters) 的房间雕塑《梅兹堡》（*Merzbau*, 1933-1933）；杜尚追问画廊空间和非画廊空间的普遍性、语义和力量的现成物品艺术。

装置艺术也是随着 20 世纪 60 年代极简主义和表演艺术兴起自然而然出现的副产品，艺术作品、场地和观众之间的位置在装置艺术实践中显得相互排斥。极简主义倾向于对空间和语境的关注，因为它是对抽象表现主义的诠释学反应。这样就形成了一个整体，建筑空间甚至性别和历史都关联着装置艺术作品的解读。借助装置，艺术品在它的物理形态和象征层面上具有了多重维度和多种可能性。亚当·格茨（Adam

Geczy）和本杰明·吉诺齐奥（Benjamin Genocchio）在介绍他们关于装置艺术的文集时说，"装置艺术是一种激活空间的活动。与其说它是一种风格，不如说是一种态度、倾向和美学策略，因为我们现在将每件事物都与它所处的位置密切关联。"[19] 这一表述在时尚装置的讨论中产生了巨大反响，因为服装也与它所附着的人和身体密切相关。的确回想起来，可以说，至少从美学的角度来看，时尚和装置艺术非常匹配。因为两者都在一个系统中运行，在这个系统中，停滞状态的存在只是为了表明延续性和变化性。时尚和装置也以无数微妙的方式被打上特定时间的标记，就像时尚一样，装置作品的意义也取决于它周围环境的变化，萦绕着不稳定性和无常性。

尽管他主要对作为时尚概念的中性感兴趣，但在胡拉尼的时尚创作中，性别观念仍然是核心。他的装置作品同时质疑了西方性别、阶级和种族观念的正确性。2010 年，拉德·胡拉尼在巴黎的乔伊斯宫皇家美术馆(Joyce Palais Royal) 举办了他的首次个人作品展。《超越经典》(Transclassic) 是一部多媒体作品，由电影、音频和摄影装置组成，介绍了他可转换的"中性"系列。10 款服用同样的夹克衫搭配经典的服装展示。该系列以黑色为基础色调，采用极简主义剪裁、隐形接缝、宽边和几何线条，具有实用性和可穿戴性。展览的理念是设想一个没有性别的世界，就像装置一样，"没有理论、没有宣言、没有政党也没有俱乐部"。[20] 胡拉尼构想了一个没有规则、没有季节、没有性别、没有种族、没有宗教的状态。一片空白。

8

Rick Owens's Gender Performativities

瑞克·欧文斯的
性别表演性

　　瑞克·欧文斯在 2014 年春夏系列秀"恶毒"(Vicious) 中上演了一场不同寻常的奇观 (附图 18)。亚历山大·麦昆等设计师为时装秀超越时装展示，成为沉重的艺术化和准电影化场景奠定了基础。至今仍被奉为传奇大秀的"沃斯"(Voss，2001 年春夏) 等秀场上，麦昆甚至让一位巨胖的模特出现在中心位置。然而，她仍然作为一种美学特征——裸体——的象征而出现，与那些遵循着人们对种族特征和身材比例的期待的模特们构成对照。在"恶毒"系列中，欧文斯反其道而行之，他无视这些约定俗成的观念，使用了大量超大号混血模特。在巴黎贝尔西体育馆 (the Palais Omnisports in Bercy, Paris)，模特们从一个不锈钢门廊框中走出来，捶胸顿足，愁眉苦脸，旁边演奏着节奏混搭的电子舞曲和原始部落鼓点声。与模特们保持一致的是，这些设计是一种明目张胆的混合体，混杂着与欧美风格迥异的符号，穆斯林头巾与说唱歌手的街头服饰相搭配，贝都因（Bedouin）服饰与医用风格的白色未来主义服装相搭配。这场表演在一场战舞中达到高潮，这场战舞给人一种感觉，仿佛这些令人生畏的人物都是从一个并不遥远的、世界末日之后几乎打破了一切性别差异的未来时刻穿越而来的。这就像那些我们没有见过的亚马逊地区的邪教，他们最终给了曾经占统治地位的种族应有的惩罚（欧文斯："我喜欢创造一个并置古代和未来的宇宙"）。[1] "恶毒"只是欧文斯作为设计师的大胆案例之一，他的设计在艺术、时尚和性别的融合中被赋予了表达价值。对于欧文斯来说，要想摆脱这些因素往往很难，因为这些作品给人的压倒性印象是，服装本身只是这场精心的表演活动中更重要元素的催化剂。

对于 2013 年 6 月 27 日发布的"恶毒"男装系列来说，这些因素同样具有挑战性。故事（时装表演）开始时，一个穿着黑色长袍的男人站在白色的平台上，一头长长的白发，蓄着长胡须，人们几乎看不见他的面部特征，如同奇幻冒险片系列电影《指环王》(Lord of the ring)[2] 中毛茸茸的袋熊[3] 和邪恶的巫师索伦 (Sauron) 的结合体。他面前出现了三盏聚光灯，很快聚光灯下出现了一些身穿世界冠军摔跤服（其中有人带着护膝，穿着低到令人难以置信的紧身单衣等）、手握吉他、戴着长喙状突起的恐怖面具的男人，仿佛即兴艺术走进了部落。伴随着嘈杂的吉他声和渐起的吟唱，模特们开始围着演员们旋转。作为颠覆女性时装系列传统期望的补充，这些男模身材苗条，甚至有些略显娇小。此时他们不再是光头，或头发被绑成扭曲难看的、不寻常的哥特发型。喧闹的音乐充斥在空间中，让人无法忽视摇滚风格，然而模特们本身却呈现着惊人的奇怪扭曲。在表演结束时，吉他手发现自己被一条腿吊在天花板上，这是一个转性的隐喻，可能是欧文斯不经意间对性别类型的思考。

和许多当代设计师一样，包括斯隆普和 Viktor & Rolf, 欧文斯的历史、风格和态度与艺术紧密相关。但是 Viktor & Rolf 的时装是经过了一系列的实验和干预的有机演变，斯隆普则认为自己是艺术家，只不过最终作品恰好是一个时尚物品。欧文斯最初想要成为一名画家，但此后服饰和家具仍是他谋生的基础，他将它们称为衣服的"对立面"。欧文斯的大量采访中最为有趣的地方在于，他极少评论自己的作品，尽管他的作品中涉及大量令人难以忽视的表演性创作。

极简主义

瑞克·欧文斯用极简主义的语言，将他的理念转变为可穿戴的服装和样式。使用"glunge"美学（欧文斯形容自身混杂着魅力和垃圾风格的术语）的时装系列可以用城市极简主义来完美地概括，利用建筑层次感和灰色单色的设计表现极简主义风格。"我总是对建筑和任何能让它成为现代的、永恒的或有说服力的内容感兴趣，"欧文斯说，"像路易吉·莫雷蒂（Luigi Morreti）、路易斯·汗（Louis Khan）或阿道夫·洛斯（Adolf Loos）的建筑……我专注于剪裁我的极具严肃性的黑色西装。我认为更加本质的服装样态是尽可能的严苛和建筑化。"[4]

极简主义是许多设计师在系列作品中经常使用的概念，包括我们在第 2 章中已经讨论过的川久保玲，她在设计时装时采用了日本传统美学的模块化设计，运用了简单的建筑技术。20 世纪 60 年代达到顶峰的极简主义艺术运动，对欧文斯的作品产生了持久的影响。广义上来说，极简主义时尚的定义是无任何修饰、简单干净的线条和突出轮廓。让我们回忆一下香奈儿的名言：简单是最好的。她喜欢除去衣服上不必要的、损害实用性的部件。服饰与身体的关系也是美学和无形的审美发展的一种重要组成部分。在这一点上，值得注意的是，以简洁和简约为终极目标的极简主义时尚与极简主义艺术虽然很相似，但从本质上来说它们的核心原则是不同的。

作为艺术运动，极简主义与战后美国视觉艺术家联系密切。这些艺术家主要居住在纽约，他们拒绝传统绘画和雕塑的表现方式，追求一种新风格，这种风格尽可能不依赖于物体的物理存在。像唐纳德·贾德 (Donald Judd) 这些 20 世纪 60 年代的艺术家，他们利用工业材料创作抽象作品，探索新的色彩和形状。其他艺术家包括丹·弗莱文和他的雕塑作品，这些作品由市面上可买到的荧光灯和其他物品 (如压碎的罐头) 制成。托尼·史密斯 (Tony Smith) 借助三维网格画出简单的几何图形，利用简洁的线条和宏大的规模进行创作。这些关注几何抽象的艺术家，后来被称为极简主义艺术运动的支持者。几何抽象是加勒斯·普设计的一个特点，本书第 3 章对此进行了详细的论述。从更广泛的意义上说，极简艺术的根源可以追溯到 20 世纪 20 年代包豪斯建筑学派[5]、风格派艺术以及彼埃·蒙德里安等艺术家。20 世纪 60 年代蒙德里安的几何形状和连锁平面影响了伊夫·圣罗兰，他设计的 A 字裙、直筒连衣裙、"蒙德里安裙"，成为当时标志性的服装。建筑界的包豪斯运动倡导功能性和实用性，它从节奏、颜色、比例、材质、形式的使用上影响了时装设计师，包括瑞克·欧文斯和其他设计师，如吉尔·桑德（Jil Sander）、赫尔穆特·朗和卡尔文·克莱恩（Calvin Klein）等。简单地说就是：形式决定功能。[1]

时间和永恒之间的对话常常贯穿着极简主义美学，在力求成为未来派极简主义设计的过程中，这种对话往往会成为怀旧的历史性参考。例如，山本耀司和三宅一生在自己的时装系列中提及传统的日本工作服和和服，从波烈到加勒斯·普的作品都能找到这种服装的印记。欧文斯转向了传统寺院服饰的简约剪裁风格，强调形式和轮廓的纯粹性，并将这些特点与未来主义结合在一起。在 2011 年春夏男装系列中，欧文斯强调了禁欲主义和唯美主义，他使用透明针织衫、皮革和羊毛等面料，以及包括"土黄色"和"纯白"在内的多种颜色。长款外套搭配垂裆裤和长筒靴，为这个系列带来了未来感 (插图 16)。

由于受到禁欲主义的影响，欧文斯的美学常常被描述为阴暗可怖的状态，并受到哥特式时尚追随者的欢迎。欧文斯常被描绘成一个有着狂热崇拜的哥特设计师，这是受到了他天主教高中求学经历和作为成长在加利福尼亚的哥特人的影响。正如他所言："人们长袍拖地，戴着兜帽修行——我所做的一切都源于此。"[6] 他的多层长袖 T 恤、垂裆裤和紧身裤都是哥特风格的重要组成部分。欧文斯的斗篷形状也受到修道士

---

[1] 此处原文为 Form dictates function，这与包豪斯的"功能决定形式"的设计理念相悖。——译者注

插图 16

2016 年 3 月 3 日，法国巴黎，瑞克·欧文
斯时装秀上走秀的模特，2016 年巴黎秋冬
时装周。摄影：理查德·博伊德（Richard
Boyd）。

的影响，他利用分层和包裹式的轮廓对此进行了重新设计。这种深刻影响了禁欲主义实践的历史主义，宣扬一种纯粹和简单的生活方式，并俘获了现代主义者的心。在描述极简主义时尚对历史语境的影响时，哈莉特·沃克（Harriett Walker）写道：

> 极简主义与利益无关，它只是为了囊括过去艺术中最优秀的、最具艺术性的、最实用的方面，正是这种过去的成功与现代观点的结合，使得它跳出了"快时尚"和"一次性用品"的怪圈。[7]

魅力、颓废和腐烂

让我们回到"glunge"这一概念，欧文斯用"魅力"（glamour）和"垃圾"（grunge）两个词描述他的设计美学，"glunge"由它们组合而成。20世纪90年代初，欧文斯开始在纽约设计服装，他几乎没有受到时尚界的关注，但大批的地下摇滚和垃圾摇滚爱好者却一直追随着他，他们对欧文斯的面料分层和并置、修身皮夹克、仿旧的T恤和运动衫大加赞赏。垃圾摇滚是一种亚文化，它最早出现在美国太平洋西北海岸的西雅图的音乐舞台，有涅槃乐队（Nirvana）、爱丽丝囚徒乐队（Alice in Chains）和蜜浆乐队（Pearl Jam）。他们是在20世纪80年代成长起来的一代，表现为穿着得体的"雅皮士"（yuppie），它是中上流阶层年轻专业人士及其自恋的消费主义观念的缩写。在迪斯科、时尚和可卡因的刺激下，雅皮士们努力工作和玩乐，在追求美国梦的过程中过度消费。弗雷德里克·詹姆逊（Fredric Jameson）在20世纪80年代讨论了美国社会，他说：“他们是一个新的小资产阶级，他们的文化价值观阐明了一种有益的主流的意识形态和文化范式。”[8] 垃圾摇滚亚文化植根于对资本主义影响的不满。亚文化对从众的蔑视表现在 DIY 风格上，包括战斗靴和格子法兰绒衬衫配破牛仔裤、皮夹克和蓬乱的头发。就像之前的朋克一样，垃圾摇滚是一种反权威的风格，表现为低成本的反唯物主义哲学。它的追随者们被欧文斯的黑暗褶皱吸引，表达着异见和叛逆。

垃圾摇滚与哥特亚文化的关系显而易见，这两种亚文化都呈现为一种焦虑、幻灭并且与主流文化相疏离的音乐。服饰的转变包括多层服装、破旧的牛仔布、宽松的开襟羊毛衫和多余的军靴。这就是性禁锢和死亡色情的魅力，这种死亡色情建立在吸血鬼和浪荡子的隐喻以及死亡和哀悼的情色化之上，这些都忠于垃圾美学。正是这种性、死亡与腐朽之间的辩证关系，构成了对社会权力的规范性概念的论述中心，并将不墨守成规的人（异端分子）视为堕落垃圾、魅力十足的流浪者。“禁止和危险总是充满魅力。”[9] 伊丽莎白·威尔逊写道。这是对哥特风格和我们在欧文斯的系列作品中每每得见的垃圾服饰（grunge）的视觉诠释。

魅力与消费之间的历史关系，与资本的生产有关，与现代性和现代城市的崛起有关。

根据威尔逊的观点，“魅力”这个词起源于凯尔特语中的“魔术”（gramary）。这个词意味着神秘仪式或魔法，早在 18 世纪初该词就出现在英语当中，意为“魔鬼、巫师和小丑欺瞒观众的视觉时，他们就是为观众眼睛投上‘魅力’”。威尔逊认为，这个词的使用伴随着“工业主义激发了浪漫主义运动的反应及其对哥特风格的热爱”。[10] 哥特反对启蒙运动的进步和理性，但浪漫主义者也用它来批判充斥着城市生活的生产劳动的新世界，因为他们渴望"找寻一种已经消失在商业和经济中的本真性"[11]（一个哲学概念，也是垃圾亚文化共有的特征）。在世纪之交，为了应对金融危机、世俗主义和科学日益扩大的影响，一场指向神秘主义、魔法和超自然的运动开始兴起。卡尔·马克思 (Karl Marx) 用吸血鬼的形象作为比喻，描述了人类生活如何逐步滑向机械劳动，喂养着贪得无厌的资本主义生产机器。马克思借鉴了弗里德里希·恩格斯（Friedrich Engels）的观点，《英国工人阶级状况》（*The Condition of the Working Class in England*，1845）一书曾提及过"吸血鬼资本家"。马克思使用了这个形象，并把它变成了谴责资产阶级 (中产阶级) 的组成部分。他认为英国工业就像吸血鬼一般靠吸血为生，而法国中产阶级则以窃取农民的生命为生。在法国，这个系统"变成了吸食农民血液和脑髓的吸血鬼，还把农民们扔进了资本的熔炉之中"。[12]

法国颓废主义中的"蛇蝎美人"（femme fatale）和"世纪末"（fin de siècle）也是浪漫主义运动的一种表现，它试图在这个充满不确定性的新世界中寻找意义。查尔斯·波德莱尔 (Charles Baudelaire) 在《恶之花》（*Les Fleurs du mal*，1857）中写道，现代男人是懦弱的颓废者，被现代女人——蛇蝎美人——吞噬。他们的爱是一场情爱的死亡斗争，在这场斗争中，主动的女性吞噬并毁灭了被动的男性。危险的女人——蛇蝎美人抑或是无情的妖女——出现在 19 世纪 50 年代到 20 世纪末的颓废文学中，通过沙龙、闺房和私人俱乐部传播，体现世界的腐败、阴谋和堕落，这些都与法国颓废派和英国美学家密切相关。[13]雪利登·拉·芬努（Sheridan Le Fanu）的小说《女吸血鬼卡蜜拉》（*Camilla*，1871) 描绘了一个捕食单身女性的女同性恋吸血鬼。布拉姆·斯托克的小说《德拉库拉伯爵》(Dracula, 1897)讲述了维多利亚时代的性暧昧和性焦虑，以及当时讨论正确的性别行为（性和其他方面）的相互矛盾。吸血鬼体现了"时代精神"，即颓废、放纵、诡诈、魅惑和唯美主义。正如威尔逊所断言的，"禁止和危险总是充满魅力"[14]。但是这种魅力往往要付出代价："世纪末"的颓废和他的喜悦之间保持着悲哀的相关关系，这种喜悦是其彻底腐败的前奏。从道林·格雷(Dorian Grey)颓废的画像，到左拉(Zola)笔下因天花肆虐而无比恐怖的（她的脸"满是腐肉"）娜娜(Nana)。波德莱尔的一首散文诗里的一个人物角色警告他养尊处优的情妇，他想教她"真正的不幸是什么"，并警告她，他随时都可以把她"像空瓶子一样"[15]扔出窗外。

美很少是纯洁的，即使是纯洁的也容易被玷污。因此，颓废作家对违法事物的痴狂被自由主义者的色情作品唤起，他们笔下的主人公会将诱惑作为教育的工具。波德莱尔经常提到萨德侯爵（Marquis de Sade）的作品：他的小说《朱斯蒂娜或美德的不幸》(Justine, or, The Misfortune of Virtue , 1791)描绘了12岁的朱斯蒂娜在美德的面具下接受了性教育。其他的书包括利奥波德·冯·萨赫-玛索克（Leopold von Sacher-Masoch）的《穿裘皮大衣的维纳斯》(Venus in Furs, 1884)、奥博利·比亚兹莱（Aubrey Beardsley）的《唐豪瑟与维纳斯的故事》(The Story of Venus and Tannhauser, 1896)，埃米尔·左拉的小说《娜娜》(Nana, 1880)（见上）;《泣血乡恋》(La Terre, 1887)和保罗·魏尔伦（Paul Verlaine）的作品。奥斯卡·王尔德(Oscar Wilde)的剧作《W. H. 先生的画像》(The Portrait of Mr. W. H. , 1889)汲取了颓废文学的魅力，详述了同性恋传统的发现过程。我们在英文版王尔德戏剧《莎乐美》(Salomé, 1894)

176

中找到了比尔兹利的插图《莎乐美礼服》（The Toilette of Salomé）。在故事中，妖妇莎乐美要求以一支七面纱舞换取砍下约翰的头颅并放在银盘上。[16] 莎乐美与朱斯蒂娜和卡蜜拉有许多共同之处。浪漫主义作家找到了与放纵派的共同点，他们利用性来挑战国王和神职人员的权威。哥特风格继续与情色和禁忌的危险联系在一起，并在接下来的一个世纪里强势存在于电影、时尚和音乐之中。和放纵派一样，欧文斯也用性和性别对抗主流的中产阶级价值观，以至于时尚媒体经常称他为"怪人之王"（King of kink）。在他的"斯芬克斯"（Sphinx，2015/2016 年秋冬）男装系列中，欧文斯在服装上设计了一个"窥视孔"（Peepliole）或"炮眼"（Porthole），让模特在 T 台上展示了他们的阴茎（插图 17）。这个系列的理念非常简单，即自由和控制生活，以及如果你对生活失去控制之后的影响。"每个男人都想裸露着生殖器走在大街上，"欧文斯说，"这种简单原始的效应……这影响了这个系列。"[17] 他的灵感来源于一部法国老电影，故事发生在一艘潜水艇上，里面有超大号的针织连衣裤、扭曲的风衣，还有从柏柏尔的毛毯上剪下的军用防水短上衣和海员扣领短外套，再加上一件黑橡胶披肩，或是染上铁锈，象征着不可避免的腐烂。正如欧文斯所解释的："我有点迷恋海员的呢子大衣和扭花针织衫。我喜欢扭曲他们的想法，采用一些非常经典、端庄、制服化的东西，然后将它们破坏掉。"[18] 航海主题和水手风格并不为时尚所独有，它们在高级定制甚至更便宜的主流成衣系列中都并不鲜见。"斯芬克斯"的有趣之处在于，它将这个系列安置在了一艘潜艇的男性空间当中，人们在严密的空间和开阔的海洋中进行着大量的越轨性行为。水手被赋予了色情的意涵，这与"海上罗曼史"和长时间独处密切相关。在漂浮的船上，水手远离女性往往会导致非常规的性行为。正如福柯所写："船是一个漂浮的空间，一个没有空间的空间，自我封闭的同时又拥有无边的海洋。"[19] 在大海上，肛交和鸡奸是常见的性行为。

欧文斯的男装系列 (2015 年春夏系列) 引用了芭蕾舞剧《牧神的午后》(L'Après-Midi d'un Faune)。这支芭蕾舞起源于马拉美的一首诗，最初是由莱昂·巴克斯特（Léon Bakst）设计的服装。欧文斯说："在场的每一位观众，戴着他们所有的珠宝，都在等着这个家伙戴上围巾。""我喜欢！"[20] 欧文斯的 2014 秋冬男装系列"穆迪"（Moody）更热衷于使用对抗性和颠覆性的策略。在欧文斯与狂热的摄影师里克·卡斯特罗 (Rick Castro) 合作的一本书中，展现了 60 岁至 93 岁的老年男性模特照片，他们身着欧文斯的服装并参加了放荡不羁的活动。在黑白照片中，模特们神圣的剪影挑战了传统媒体对美丽和阳刚之气的想象，他们过去往往只注重表现青春之美。

叛逆和全裸对欧文斯来说并不新鲜，十多年前，欧文斯就出现在了 2006 年 5 月发行的《i-D》杂志中的一张照片上，在破旧的地下室里他对着自己的合成照片撒尿。这张黑白照片是双重的自拍照，他站在房间里，牛仔裤垂到膝盖，手里拿着自己的阴茎，冲着镜子里自己的嘴小便。欧文斯在采访中谈到这张照片时说："肮脏的习惯，这就是我的服装的全部意义。"[21] 在 2008 年的一次摄影活动中，欧文斯模拟了一个场景：他坐在桌子旁，手里拿着一瓶伏特加，对着自己的头部开枪。在他对面是他的替身，坐在椅子上头向后仰，而欧文斯被砍下的头放在桌子上的一个盘子里，令人想起莎乐美要求砍下施洗者约翰头颅的场景。

插图 17

2015 年 1 月 22 日，作为巴黎时
装周的一部分，瑞克·欧文斯在
东京宫举办的男装秀 (2015 / 2016
秋冬) 上的模特走秀。由克里斯
蒂·斯派洛 (Kristy Sparrow) 拍摄。

空间艺术与设计，装置与家具

2006 年，欧文斯委托伦敦杜莎夫人蜡像馆(Madame Tussaud 's wax museum) 的工匠道格·詹宁斯 (Doug Jennings) 为自己制作了一系列真人大小的蜡像。在佛罗伦萨皮蒂男装展上，第一尊雕像灰尘泵在斯达齐奥·利奥波德 (Stazione Leopolda) 的飞机库中展出。这个雕塑是一个多平台项目"灰尘"（Dustulator）的一部分，它包括一个男装秀 (2006 年秋冬) 和两个装置：防尘坝和防尘泵。欧文斯的家具由树脂、胶合板、玻璃纤维、羊绒和骨头制成，同时在福尔泰扎 (Fortezza) 的炮舰 (意大利地名，Cannoniera) 中展出 (本章将做进一步讨论)。欧文斯在斯达齐奥·利奥波德首次安装了防尘坝，在人体模型上展示了 30 件标志性的服装，作为欧文斯职业生涯的回顾。这些服装构成了一个神话场景，希腊诸神和奥林匹亚人的身体及时冻结。他的第二个装置防尘泵挂在阿尔卡特拉斯地区的中心，这个雕塑描绘的是欧文斯拉下牛仔裤拉链，手里拿着他的阴茎，朝镜子和沙子撒尿。欧文斯悬浮在空中，模仿希腊的天空之神宙斯，雷电环绕着众神之殿。这尊雕像目前安放在欧文斯的巴黎旗舰店中，而另一尊蜡像则被放在东京的旗舰店，这尊蜡像带着长长的尾巴，代表着扭曲的舌头。在香港旗舰店这个面积为 3 800 平方英尺的独立空间的内部，有一张玻璃咖啡桌，是一个欧文斯四肢跪着的蜡像，他的身体支撑着玻璃桌的重量，这是一种典型的性顺从行为。这家精品店以混凝土面板和其他工业元素为特色，欧文斯称其为棱角分明的野兽派风格。他设计这个商店是为了实现自己用石头、光线和虚空进行设计的想法。"我很久以前在柏林看到了一堵墙，但再也没有找到，"欧文斯

180

说，"我可能是在做梦。在我看来，这堵墙成了一个未来派乌托邦式的废墟的神话形象。"[22]

在欧文斯的作品中，腐朽、岁月的流逝及其表现是常见的主题，在他设计的 one-off [1] 限量版家具作品中，我们可以找到其最纯粹的表现。欧文斯的家具作品结合了早期现代主义的极简风格和功能性理念，是一种厚重的野兽派建筑，气势恢宏，具有里程碑式的意义。它们由石膏、骨头、树脂、胶合板和大理石等罕见而不易制作的材料制成，用人头骨和鹿角装饰。这些结构在视觉上具有轻盈之感，即使它们看起来像是混凝土制作的。"我想让我的家具看上去坚不可摧，"欧文斯说，"它永远陪伴着你，直到你死去或房子被烧毁。"[23] 这个名为"史前"（Prehistoric）的系列是单色的，而且很简约，还包括了一张硅化木制成的桌子和一把介于灰色和暗褐色之间的不规则骨头椅。

时尚的先锋派

和其他极简主义设计师一样，譬如安·迪穆拉米斯特 (Ann Demeulemeester) 和吉尔·桑达，欧文斯也采用了中性色调——白色、灰色和黑色。白色强调纯度、轻盈感、运动感和舒适度 (如吉尔·桑达的设计)，而黑色具有内省、忧郁和无性的内涵，一些先锋的设计师非常青睐黑白灰，尤其是安特卫普六君子：华特·范·贝伦东克、德赖斯·范·诺顿（Dries van Noten）、德克·范·瑟恩（Dirk van Saene）、德

---

[1] 指每款产品只生产一件。——译者注

克·毕肯伯格斯（Dirk Bikkembergs）和玛丽娜·绮（Marina Yee）和安·迪穆拉米斯特。欧文斯也被认为是一位前卫的设计师，他经常被时尚媒体称为先锋派设计的"大师""国王"，这不仅是因为他喜欢中性色彩，还因为他颠覆性的、特立独行的设计方法。

在这一点上，有必要澄清"先锋"一词在论述中的用法。在传统的艺术中，"先锋"往往和现代主义思潮关系密切，它在社会变革中发挥作用，尤其是与风格创新有着千丝万缕的联系。作为军事术语，"先锋"与"前卫"同义，是指在大部队前面被派去侦察或小规模战斗的部队。在艺术上，它被用来形容那些与学院派主流审美趣味相背离的艺术创作和艺术家，他们或出于蔑视，或出于学院派审美对其的压抑，不一而足。在这个历史语汇中，先锋派和欧洲艺术各种"主义"并行：立体主义、未来主义、至上主义、建构主义，等等。超现实主义和达达主义也是先锋派的重要支流，因为他们都以自己的方式激起社会动荡。超现实主义甚至称自己为一场革命。"历史先锋派"大致始于库尔贝时期，然后在20世纪50年代伴随着美国抽象表现主义的发展达到顶峰。抽象表现主义的主要捍卫者克莱门特·格林伯格 (Clement Greenberg) 设计出一幅详尽而有说服力的绘画发展路径图，艺术终结于这些艺术家的作品。这种叙事非常有力，他认为理解现代艺术是向一种纯粹视觉和美学真实的风格进军。下一个阶段伴随的是极简主义和非正式手段，以及更多的概念和非物质艺术 (表演艺术、土地艺术、艺术和语言等)。与抗议时代相对应的是，虽然它们具有先锋性和高度试验性，但这些都是倾向和实践，并不是正式的运动，他们的敌人不再是学院派或其他特定的风格，而是当时社会本身的保守力量。因此，后现代主义的一个主要特征，对许多人来说也是所谓的危机，就是缺乏连贯的主体风格，因此缺乏一种先锋的风格。主流艺术实践是多元化的，比起符合审美风格和审美意识形态的标准，更屈从于商业。这就是为什么在艺术实践中使用先锋这个词既不恰当也不严谨，尽管它为主流媒体和流行文化所用。在这里，这个术语本身对时尚是有效的。自沃斯（具有讽刺意味的是与库尔贝同时代）以来，时尚的演变走的是一条不同的道路，它与财富和地位的联系使传统的先锋概念显得不合逻辑。然而，正是这本书的动力所在，强调在主流趣味和品位之外的时尚设计师们的创作。正是考虑到这一点，而不是违反艺术史和理论的正确用法，先锋这个词才被使用。

当把"先锋"这一术语应用到时尚领域时，先锋设计师就是打破传统或规范的设计，质疑服装及其与身体的关系的人。以川久保玲（我们在本书第 2 章中详细讨论过）为例，她在 20 世纪 80 年代初改变了时尚界的面貌，她对"沙漏"形状的轮廓提出了质疑，她认为单色化服装过于简单化，像帐篷一样。川久保玲无意暴露自己的身体，而是想让穿衣服的人成为自己。山本耀司（他将时尚界革命从日本带到巴黎，与川久保玲和三宅一生一起被称为"三巨头"）利用"给女性的男装"改变了女装的构成元素，他的超大轮廓和中性风格标志着一场质疑服装性别表现的设计革命。就像胡拉尼的"无性别、无季节、无所不在、无时间、无传统"[24]，颜色单调、黑白相间的中性衣服显示出男女皆宜的设计理念。Viktor & Rolf 以他们的观念主义而闻名，从制作和销售一款不存在的香水，到设计一款不含服装和时装秀的系列作品，或者是一个用隐形线悬挂的金色服装的装置。本书将详细讨论 Viktor & Rolf 以及将 DIY 和朋克引入时尚圈的韦斯特伍德，当然还有亚历山大·麦昆发明的低腰"包屁裤"(bumster)，以表达他对秀场戏剧和奢侈的热爱，这些都与约翰·加利亚诺 (John Galliano) 的历史复兴主义相呼应。就像美术质疑客体 (如杜尚的现成物品艺术将已有的艺术客体再次转化为艺术)，加勒斯·普的设计引发的问题是，如果通过不同的几何形状和物品，使用头发、塑料、泡沫、降落伞和貂皮等非传统材料构成扭曲的身体轮廓，那么服装是否还是时尚？普用面具遮住模特的脸，用大胆的色彩创作日本动漫人物，这让人对人体的极限及其表现方式产生了质疑。欧文斯颠覆了传统的性别秩序，模糊了性别界限。虽然有明显的相似之处，但欧文斯与胡拉尼的"性别的不可知论"有着明显的区别，胡拉尼希望把衣服的性别向中间倾斜，这是一种融合的动态，而欧文斯则在服装中上演一场微妙的边缘策略游戏，试图将两性置于其中（让服装在两性中间摇摆），正因如此他也备受质疑。

行为艺术、表演时尚和性别

自 20 世纪 60 年代以来，行为艺术和性别研究为理解时尚作为性别和性身份的文化表现提供了重要的理论参照。角色扮演的概念现在是性别理论家、哲学家和社会评论家朱迪思·巴特勒 (Judith Butler) 的同义词。这个概念是她在《性别麻烦》(*Gender Trouble*，1990) 和《身体之重》(*Bodies that Matter*，1993 年) 中提出的。巴特勒将性别看作表演是为了尝试解决两个终极问题。第一个问题是在二元性别框架下女权主义的无限循环——在女权主义当权时存在一种危险性，即女权主义成为原有性别权力结构的回声。第二个问题与其说是二元的不如说是抽象的重叠部分：在精神分析中，当涉及性别问题时，一个人面临着生理性别与社会性别的区分，在这种区分中，一个人的性别不一定要根据生理性别确定。虽然一个人的自我认知仍然取决于其生理性别，但众所周知其社会性别取决于心理和生理的多重影响因素，而不同要素的影响程度难以被量化。唐娜·哈拉维在她的《赛博格宣言》中，已经试图引入赛博格的"第三性"。她希望找到一种替代女性与自然关系的方法，并促使我们反思后工业时代的性别问题。[25] 虽然这在今天仍然流行，特别是考虑到诸如技术主体、后人类和人类世等概念，巴特勒的角色扮演理论已经被打磨得更加准确、也更具有理论和实践的实操性了。对于巴特勒来说，性别是被表演的：主体会假设一系列与性别相关的标识符号。这意味着，我们如何与自己和他人相处，需要根据各种标志和服饰（如衣服）来确定。但是如果诉诸性别角色扮演概念的话，我们会发现这些符号并不是外在于人的，而更像是假设的内在属性，因为进行性别角色扮演时，内部和外部、虚假和真实的界限被打破，相反，这两个极端都发挥了作用。

如果每个人都强行地扮演性别角色，那么每个人都会在某种程度上被拖累。这是一个极具煽动性和争议性的观点，它使巴特勒能够梳理出那些令人自认为是本质的自我的非本质的特征。但在反思她之前的观念时，巴特勒澄清说，她"从不认为性别就像服装，或者服装造就了女性"，尽管她也承认，像时尚一样，性别也是一个展现的过程，"展现是一个重复的过程"。[26] 性别扮演是不受约束的，或者只受限于服装，这就是为什么在前几章中巴特勒的理论没有被详细地描述，却在这里应用于欧文斯，因为我们强调的是表演"自身"，既是字面义，也是其比喻义。

在欧文斯的作品中我们可以发现，社会性别角色扮演并不能简单地归结于服装本身，更在于如何放置身体，如何采取行动。只有在巴特勒的框架下，我们才能更充分地理解 20 世纪 60 年代出现的表演实践以及它们对时装表演的影响。在"时装文化"（*Couture Culture*）中，南希·特洛伊 (Nancy Troy) 认为，戏剧和时装表演越来越紧密地联系在一起，因为两者都需要"观众、话语、公共领域的形象"。她写道：

> 现代时尚和戏剧之间的联系是多重的，不仅包括服装的舞台导向设计、时装秀的戏剧性潜力、时装穿着的表演，还包括以商业为目的推出新服装时打造明星效应。[27]

从某种程度上来说，我们从达达主义、未来主义戏剧和 20 世纪初的包豪斯开始了解到行为艺术的性别性。尤其是精神分析理论提出，人的主体性与性别身份密不可分。早期的现代主义表演和剧院证明了通过常规或机械的身体〔如 1917 年雨果·鲍尔（Hugo Ball）在苏黎世的伏尔泰朗诵会上穿着的著名的未来派立体主义西装〕和扮演〔如马塞尔·杜尚著名的知己罗丝·瑟拉微（Rrose Selavy）〕可以消解性别，但是性别和表演作为一个批判性实践，是抗议时代发生的诸多非常规做法的一部分。行为艺术是巨变时代的自然产物。卡若琳·史尼曼（Carolee Schneemann）、小野洋子（Yoko Ono）和玛丽娜·阿布拉莫维奇（Marina Abramovic）等艺术家强调了身体的局限性、物质性、脆弱性和力量，这也是时尚界作为一种表演实践而展示的内容。在小野洋子的作品《碎片》（*Cut Piece*, 1965）中，她静坐在舞台上，邀请观众用剪刀裁剪她

186

的衣服。阿布拉莫维奇的《韵律》（Rhythm，1974）是一场 6 小时的行为艺术（在那不勒斯），艺术家一动不动地站着，身旁放置着 72 件物品，观众可以任意选择并在她身上使用。一年后，史尼曼两次表演了《内在卷轴》（Interior Scroll）（纽约州东汉普顿市和科罗拉多州特柳赖德电影节），她把自己的身体弄脏，然后慢慢地从阴道里取出一个卷轴，然后她朗读卷轴里富有仪式感、充满诗意的文字进行庆祝。

这些行为艺术构成了一系列激进的案例，时间证明了它们对艺术家、理论家和设计师有相当大的影响，这种影响一直持续到今天。在这些案例中，包括其他行为艺术当中的性别表演，并不局限于扮装本身，而是已经开始着手研究各种形式的身体。行为艺术与传统戏剧形式之间的一个关键区别是戏剧化，至少在 20 世纪 60、70 年代，行为艺术希望摆脱这种戏剧表演的束缚。行为艺术要完全脱离剧场是一项不可能完成的任务，然而，它的核心是将身体视为物体或场地。身体就像一个有主观性的媒介和有生命的实体，因此厌倦、饥饿和其他自然或必要的驱动力最终会蔓延至舞台的中心。在这方面，它也凭借行为艺术所要求的过度物质性突出了性别的表现力。在试图成为纯粹客体、纯粹物质的身体中，性别（以及种族、个性、身份等）的特质被暴露为流动和偶发的因素。正是当这些因素不稳定时，它们会显露出来。

这一矛盾恰恰与欧文斯的作品要表达的内容相关，尤其是当服装在舞台表演中被层累覆盖之时。以"恶毒"系列作为参考，必须注意到，在女性时装系列中，被打破的是时装表演的惯例，而不一定是女性的气质。欧文斯只是在寻找那些典型时装秀忽视或唾弃的领域，因为传统时装秀遴选出来的都是皮肤白皙的苗条女性。此外，仅仅因为这些女人的愤怒就把男子气概归咎于她们是荒谬和无礼的。欧文斯再次挖掘出服装本身反映的更深层次的历史内涵，他借鉴了古代服饰形式（米诺斯、美索不达米亚、亚述和埃及），并将其与科幻小说、电影和其他流行形式（如音乐）的风格相结合。

正如巴特勒在论战中所指出的，性别扮演本身不是通过生理性别，而是通过表演的方式确定的，把特定的社会性别特征扮演到夸张的程度。[28] 但这个讨论也可能导向不同的思考方向，因为在扮演的过程中，如果通过一组鲜明的符号来调整性别扮演的方向，扮演者也会让人们注意到很多自己未曾注意到的东西。正是通过过度的装扮，扮演者才将其他人的注意力吸引到其"真实"性别上，同时这也让"真实"成为一种多层次的存在状态。

"恶毒"系列借助挑战和发展普遍的、公认的性别符号来确定性别。毫无疑问，女性的路线是女性的，男性的路线是男性的。欧文斯所做的事情也为酷儿开辟了女性气质和男性气概的空间：这个路线可能是女汉子、亚马逊女战士的形象，暗示了一种阉割和对抗的话语。男性可能是柔弱的，在某些情况下具有中性或同性恋气质。但男女同性恋的存在并没有违背男女各自的本性，而是鲜明且互补地构建了自身。所有欧文斯的时装秀的主线都是具象化，正是在这里，性别找到了表达的空间。

在 2016 年春夏"独眼巨人"（Cyclopes）系列中，走秀的女模特们的身上绑着倒置的其他模特，仿佛挂着一些帆布背包（附图 19）。模特的身体像了无生气的人体模型一样晃来晃去。一名黑人灵魂歌手和两名黑人后备歌手高高地站在盒子上演奏深情的旋律。这个系列背后的理念是，相互承载着对方身体的模特，象征着姐妹情谊的力量和女性相互支

插图 18

2014 年 9 月 11 日，在梅赛德斯-奔驰
(Mercedes-Benz) 举办的伦敦时装周上，塞尔福
里奇百货门口展示了瑞克·欧文斯的雕像（"瑞
克·欧文斯的世界"的装置之一），奔驰 C 级和
G 级车型上喷绘了瑞克·欧文斯展览广告。英国
伦敦，由大卫·班尼特（David. M. Bennett）拍摄。

持、相互滋养的能力，这是女性在文化中所承受的"负担"的视觉隐喻。就像"恶毒"一样，聚焦的视觉具有推进性和侵略性，当运用到女性身上时，欧文斯认为这是：

> 更多的关于营养、姐妹情谊、母性和再生；女性抚养女性，女性成为女性，最后女性又支持女性——这是一个我们知之甚少，只能以我自己的方式去尝试理解的女性世界。皮带可以和约束相关……但在这里，它们象征着支持和呵护，皮带成了可爱的丝带。[29]

身体的诡异组合和缓慢忧郁的音乐，给人一种末日后梦境的感觉。

自 20 世纪 90 年代以来，麦昆、加利亚诺和范·贝伦东克（仅举几个例子）等时装设计师举办了一系列壮观的时装秀，通过复杂的视觉展示和表演来加强他们的时装系列的展示效果。在行为艺术的基础上，时装设计师们开发了一种混合的表演形式——时装表演。金吉·格雷格·达根 (Ginger Gregg Duggan) 写道，20 世纪 90 年代中期，设计师们"因时装秀而名声大噪，时装秀就像是梦中的景象或梦幻般的图像……精心策划（创作）的堪比戏剧作品的活动。"[30] 为了给行为艺术提供具体的参考，达根制定了一个类别清单来描述时装 / 表演的混合体；景观、物质、科学、结构和观点。[31] 像麦昆或加利亚诺这样的场景设计师的时装秀不仅以服装本身为特色，还包含了精心设计的情节、灯光、场景、可辨认的主题和宏大的结局。内容设计师的工作是将作品与表演联系在一起，强调过程胜于产品，而时装系列背后的理念是理解时装秀的核心。Viktor & Rolf 2015 秋冬系列"可穿戴艺术"（如第 6 章讨论的那样）的服装，设计得就像装裱艺术品一样。服装先于时装秀的概念，时装秀的概念背后就是时尚与艺术之间的关系。这不仅仅是一场时装表演或概念性的系列，而是一场行为艺术。设计师同时也是表演艺术家，他们解开模特身上的服装，挂在白色的墙上，以此完成一场行为艺术。科学设计师通过运用服装结构技术和影响表演的面料来突破时尚的局限，推动时尚的发展。川久保玲以其超大的服装、有质感的面料、忧郁的颜色和不对称的细节而闻名。它们有瑕疵和裂口，被打褶然后剪裁，而不是先剪裁然后塑型。服装设计不是为了补足身体的缺陷，而是为了赋予身体新的可能。结构设计师最关心的是形式而非功能，然而观念的影响也很重要。时尚 / 表演相交织的第五个类别，也是用来描述欧文斯作品 (尽管有多个跨界) 最好的一个类别，是观点型设计师。达根说，观点型设计师创造的环境能产生关于身体或性别的对抗性观点，并通过服装或表演传达信息。欧文斯运用时装秀、艺术装置和摄影传达有关性别特征、性表达自由以及其他的社会性别问题等；比如人体背包、裁剪出的"窥视孔"的服装、牧神在围巾上射精、在蜡像上撒尿等创意。

2014 年，欧文斯与伦敦零售巨头塞尔福里奇百货公司 (Selfridges) 合作 (插图 18)，作为"大师运动"(Masters Campaign) 的一部分，该活动表彰了对当前时尚界做出巨大贡献的 12 位设计师。包括以下几位：表演大师汤姆·布朗（Thom Browne），反叛大师山本耀司，颠覆大师高桥质，还有元素大师瑞克·欧文斯，这一称号与他对比例和体积的精妙运用有关。"瑞克·欧文斯的世界"装置包括：由 SHOWstudio 委托制作的电影和限量版产品，以及 4 个展示橱窗的概念商店，展示了许多档案材料。其中一个橱窗展示的是理查德·施特劳斯的歌剧《莎乐美》，描绘了一位眼睛闪烁、流着黑血的蛇蝎美女。在她的额头上，一个屏幕在循环播放艾拉·娜兹莫娃（Alla Nazimova）改编的默片《莎乐美》。欧文斯模仿自由女神像的躯干打造了一个25英尺(约1.24米)长的雕像，将它设置在商店的主要入口处。这座雕像由钢铁、涂有涂层的聚苯乙烯和皮革制成，每隔15分钟就会点燃一支火把，这是对自由主义者的赞颂。

9

Walter Van Beirendonck's Hybrid Science Fictions

● ●

华特·范·贝伦东克的混合科幻

1982 年，华特·范·贝伦东克在布鲁塞尔的"前廊时尚秀"（Vestirama trends show）上因他的服装系列"萨罗"（Sado）而首次引起时尚界的注意。因为这个系列的名字与墨索里尼的出生地"萨罗"（Salò）和帕索里尼（Pasolini）[1] 的电影《索多玛 120 天》（Salo）谐音，故而带有一定的暴力隐喻。它的概念受到了性虐（SM）的深刻影响，所以模特们穿着长款乳胶外套、管裙、头戴附有口套的头饰在 T 台上昂首阔步。从一开始，范·贝伦东克认为自己不仅仅是文化精英的设计师，更是一个微妙的文化主体。对他来说，生命和死亡的极限总是尽在掌握。范·贝伦东克挑逗、大胆、古怪、充满幻想，他将人视为一种合成的混合体，一台植入不同技术体系的身体机器。他的作品反映了人类的多样性，经常成为社会批判和政治激进主义的工具。

7 年后的 1989 年，在范·贝伦东克的秋冬系列（"Hardbeat"，1989-1990）中，SM 的恋物情结以绑带面具和过膝绑带靴的形式重新出现。对 SM、恋物癖的服饰和配饰的痴迷，在范·贝伦东克的时装系列中极为常见。"骑 W 型车"（Take a W-Ride，2010-2011 秋冬系列）中出现了带有双尖头铆钉状鞋跟的高跟鞋，而在"天堂游乐产品"（Paradise Pleasure Productions，1985-1986 秋冬系列，也被称为"橡胶表演"，The Rubber Show）中，穿着乳胶紧身衣的男模就像真人大小的性玩偶。"革命"系列（Revolution，2001-2002 秋冬系列）里面包括装饰面具以及超大衣领皮革西装，这种服装让人想起矫揉造作的纨绔子弟们，亦即所谓的"不可驯服的人"（incroyables）[incroyables 译为"无法容忍的人"（Outrageous ones）可能更当代]，这是与法国督政府时期（1795-1799）的怪人和颓废派有关的一群人，这一时期也被称为"白色恐怖"，即经历了恐怖统治之后欢乐的过渡时期。"不可驯服的人"（插图 19）是反雅各宾派的花花公子，他们在巴黎成为街头帮派。其标志性特点是色彩鲜艳的夹克，上面有夸张的领子、大领带、宽大的裤子和长发，丢掉代表旧政权的假发 [罗伯斯庇尔（Robespierre）戴着的那种]。他们偶尔会戴上一顶双角帽（bicorne）或瓜皮帽（melon），在军队和当代的日常生活中，这种帽子已经取代了三角帽（tricorne）。这些早期亚文化风格的例子——对应的女性被称为"美丽的淑女"（merveilleuses），也被

插图 19

"不可驯服的人"的下午茶。未知艺术家，公共版权。

称为"了不起的女性""传说中的贵妇"——白色恐怖结束时期的狂欢不应被解释为完全的乐观主义，而是经历了堕落与恐惧之后产生的空虚的疲惫感。白色恐怖和拿破仑崛起之间的那段时期，是一个大规模腐败的混乱时期，只有在几条战线上进行的革命战争的严酷要求下才能加以控制。因此，范·贝伦东克的"灵感"是多方面的，他刻意表现得模棱两可。这些作品表达的享乐主义掩盖了深刻的悲伤和恐惧。这是性和死亡在人们思想中占据重要地位的时代风尚。

不出所料，社会性别和性征之间界限的问题经常出现在范·贝伦东克的作品中。在第三届柏林当代艺术双年展的目录中，他被描述为"热爱极限，濒临交界处的生物，就像他的时尚代表了难以驾驭的雌雄同体"。[2] 他的男装系列经常探索与传统阳刚观念不同的身体意象，从酷儿到混杂的主观性："仙境"（Wonderland, 1996 年秋冬）中的同性恋熊，"相信"（Believe, 1998 年秋冬）里穿着假体号角的模特和《性小丑》（Sex Clown, 2008 年春夏）中被放大和夸张化的阴茎。范·贝伦东克尝试了一系列中性风格的裙子，他用平直和褶皱的风格设计了中长款过膝裙（midis）和超长裙（maxis）。在"性别？"系列（Gender？ 2000 年春夏）中，范·贝伦东克再次质疑流行的男性刻板印象，以及社会观念在多大程度上左右着性别和与性别相关的时尚。作为该系列的一部分，他设计了钩编裙覆盖在花棉裤子外。在其他服装系列中，他还为男士们设计了高跟鞋、乳胶长袜、束带紧身胸衣和印花短裙。"玩这类游戏很有趣，"范·贝伦东克在最近接受 Dazed and Confused 杂志采访时若有所思地说："我想知道界限在哪里，但我创作时从来没有想过我是为男人还是女人设计。这与异装癖无关，在我眼里两性是对等的。"[3]

在他的时装秀上，面具、链子、皮具和脖套等性虐狂的工具经常出现，这使他的模特具有显著的风格特征，他也借此开发了性别和性取向层面上挑战传统身份刻板印象的中间地带。作为巴黎时装周的一部分，他的"Hardbeat"系列（1989 年秋冬）明确地提及了性虐狂：面具、乳胶过膝靴子和口号——"恋物癖""舔与吻"和"火球"——伴随着比利时独立乐队"男子汉"（Real Men）《时尚的主仆》（*Master and Slaves of Fashion*）的背景音乐。正如美国摄影师罗伯特·梅普尔索普（Robert Mapplethorpe）的做法，凯特·德波（Kaat Debo）也这样说："范·贝伦东克利用视觉语言表现了社会惯于隐藏的性倾向，他使用柔软、色彩艳丽的材质取代皮具，令 SM 衣橱里的服装更显柔和。"[4]

范·贝伦东克在其时装系列中嵌入的越轨设计实践更多的是为了传递信息，而不是为了产生震惊效果，尽管它们确实令人震惊。他以时尚作为一种手段吸引人们关注重要的社会议题，诸如安全性行为、环境问题和种族歧视等。为此，许多时装系列的标题都有这样的口号："停止恐吓我们的世界"（Stop Terrorizing Our World，2015 年秋冬）、"杜绝种族主义"（Stop Racism，2014 年秋冬）（附图 20）、"运转的监控器"（CCTV in Operation，2015 年春夏），最后这项是针对"大规模监控"的抗议活动。范·贝伦东克的抗议时尚，如果可以这么称呼其设计的话，从安特卫普学院的学生时代便开始了。他第四年的时装系列以昆虫为主题灵感，并使用醒目的图案和政治口号来传达理念。"杀手 / 星际旅行 /4D Hi-Di"系列（Killer/Astral Travel/4D Hi-Di，1996 年春夏）由许多放屁坐垫形状的面具组成，面具上印有"恐怖时刻""离开我的阴茎"和"口活"等字样。这个系列灵感来自 1992 年由艺术家麦克·凯利（Mike Kelly）和保罗·麦卡锡（Paul McCarthy）设计的装置艺术"海蒂"（Heidi）。这幅作品呈现了真人大小的橡胶玩偶，并借鉴了恐怖电影《弗兰肯斯坦》（Frankenstein）的剧照（1931 年由鲍里斯·卡洛夫 Boris Karloff 主演的《弗兰肯斯坦》，以弗兰肯斯坦在野外与女孩相遇的场景作为封面图片）。"海蒂"是对瑞士女英雄海蒂〔源自乔安娜·斯皮里（Joanna Spyri）1881 年的同名小说〕甜蜜故事的犀利讽刺，其目的是严厉地批判美国现代家庭生活的纯洁神话。在范·贝伦东克的解释中，住在阿尔卑斯山并爱上了小山羊的海蒂，实际上是魔鬼的转世，而魔鬼反过来又成为 HIV/AIDS 的比喻。在时装秀的舞台上，天真的海蒂和她的山羊在草地上寻找稀有的雪绒花。"天真无邪与充斥着性与暴力的世界构成了鲜明的对照。"[5] 我们也可以用《格林童话》来解读海蒂，大灰狼（山羊）偷偷接近小红帽，在试图吃掉她的过程中，先吃了小红帽的外婆，然后穿上了外婆的衣服。就像《圣经》中蛇诱惑夏娃的故事，小女孩代表着童年的纯真，而狼则象征着难以驯服的阳刚之气。

范·贝伦东克的时装秀堪称壮观的戏剧表演。人类与动物的混合体、科幻人物和漫画英雄，怪诞和辉煌充斥在错综复杂的范·贝伦东克宇宙当中。他的作品中有大量关于人和动物关系的讨论，以 2005 年秋冬系列"怪异"（Weird）为例，一只充气气球动物爱上了一只刺猬。这种命运多舛、不合常规、无法完满的结合，在物质上体现为连衣裙和西装可拆卸的毛绒衣领；刺猬和气球情人出现在各种图案中。跨物种的爱情遍布在"仙境"系列（1996 年秋冬）中，两只交颈的天鹅图案是永恒爱情的象征。尽管政治有时会被认为是黑暗和险恶的，但范·贝伦东克"总是以一种丰富多彩的方式包装这些政治观点，对未来充满希望和信念"。[6]

20 世纪 80 年代的伦敦

范·贝伦东克 1980 年毕业于安特卫普皇家美术学院，但他在 1986 年连同其他几位设计师一起一举成名（安特卫普六君子，模仿 20 世纪早期法国作曲家六君子）。[7] 他雇了一辆卡车前往伦敦参加伦敦设计师展演，在那里他展示了他的"坏男孩"系列（Bad Baby Boy，1986-1987 年秋冬）。天真的模特戴着红色尖顶的帽子，穿着泰迪熊图案带毛球的柔软羊毛毛衣，传递出复杂却明确的信息，即坏男孩和父亲并存。范·贝伦东克的作品探讨了 SM 中施虐者与受虐者之间的权力交换，在这个例子中，则是顺从的男孩和占统治地位的父亲之间的权力关系。这个系列标志了后续更多的作品特色。性、更多的性、性虐、侵犯与暴力——T台成了情色表达的场所。

20 世纪 80 年代，在音乐、时尚和艺术领域，人们对性和性别观念提出了挑战。广告的语言从强调产品的质量和功能转向将产品与自我权力和智识提升并结合。时尚和生活领域的广告商与营销人员开始积极地通过营销策略来吸引年轻男性消费者，这些策略调动了年轻人对理想身材、富裕生活的想象。与此同时，关于男性气质的新话语开始在英国流行起来，其中有一个重复的主题，即"新男人"。"新男人"的出现表明，关于性别特权、男性气质、主体性和性行为的文化和商业困惑日益加深。自 20 世纪 60 年代末以来，女权运动、民权运动和同性恋解放等社会运动打破了传统的种族、性别和性观念，推动了民主平等的性别观念，从而转变了传统的男性霸权话语和表现方式。

在时装风格上，20 世纪 80 年代范·贝伦东克发展出了自己的服装风格，与明亮、俗媚、奢靡和成功联系在一起。更引人注目的是，当时时尚已经分裂成各种各样的小群体。穿某种风格的衣服成为一种特殊意识形态群体的标志：恋物癖、电音、新浪漫主义和高地营，不一而足。在这方面，20世纪80年代的时尚和风格反映了政治行动主义的卓越的无序性和斗争性。朋克对撒切尔主义和里根保守政治氛围的回应，融合成一种基于无政府状态和侵略性之上的颓废和自由美学。尽管朋克的DIY态度与范·贝伦东克的美学作品在风格上对立，但其对束缚和恋物癖的态度，对乳胶和冷酷风格的使用还是引起了他的创作兴趣。在伦敦时，范·贝伦东克经常探访维维安·韦斯特伍德的"世界尽头"精品店，并购买各种饰品和服装。

在伦敦，俱乐部文化以其地下的流浪癖和精神魅力吸引了范·贝伦东克顽皮而无序的自由意识和大胆的美学。李·鲍厄里的伦敦禁忌俱乐部和英雄俱乐部也燃起了范·贝伦东克对奢靡和个性的欲望。范·贝伦东克实现了20世纪80年代音乐、艺术和时尚的融合，地下室的舞池成为时装的T台。科芬园的闪电俱乐部很受新浪漫主义者的欢迎，他们在俱乐部里穿着新式的马裤和褶边衬衫，听杜兰杜兰、史班杜芭（Spandau Ballet）、亚祖（Yazoo）和维瑟奇乐队（Visage）的音乐。该俱乐部由史蒂夫·斯特兰奇（Steve Strange）经营，发起了新浪漫主义亚文化运动，成为亚当·安特（Adam Ant）、玛丽莲（Marilyn）和乔治男孩（Boy George）等音乐人，以及加里亚诺（Galliano）和史蒂芬·琼斯（Stephen Jones）等设计师的聚集地，他们后来成为范·贝伦东克时装系列作品的重要合作伙伴。

这一时期正值街头风格和俱乐部风格的创造性爆发，年轻设计师凯瑟琳·哈姆尼特（Katharine Hamnett）、史蒂夫·斯图尔特（Stevie Stewart）和大卫·霍尔（David Holah）主导着英国时尚，他们用新颖的外形和材料创造出了新形象。每到周六晚上他们都会出现在俱乐部的舞池里。正如凯瑟琳·休斯（Kathryn Hughes）所言，"20 世纪 60 年代的服装革命都与大规模生产相关，其关键吸引力在于复制能力，但 20 世纪 80 年代优秀作品的标志则是唯一性和不可替代性。"[8] 用伊恩·韦伯（Iain Webb）的话来说 Arena、The Face、i-D 和 Blitz 等杂志是新一代年轻人的时尚圣经。"年轻人想要用自己对世界的看法推翻现存的秩序，这种观点既萦绕着怀旧和玫瑰色，又充斥着破碎和反乌托邦的后朋克感。"[9] 俱乐部文化的兴起重塑了许多大都市的文化景观和社会地理。俱乐部文化的诸多评论家预言了 20 世纪 60 年代和 70 年代年轻人叛逆风格的消亡。它保持了后现代风格的最清晰的表现，"戏仿、碎片化、无深度，以及由毒品引发的狂欢文化中的极端个人主义，这种文化中充斥着闪光灯、烟幕弹和重低音。"[10] 在 20 世纪 80 年代的比利时，"新节奏"这种全新的音乐风格开始流行，它混合了起源于芝加哥和底特律的浩室舞、迷幻药和车库音乐。新节奏者受到了伦敦杂志 The Face 和 i-D 的影响，采用了一种工业新浪漫主义的风格。20 世纪 80 年代的关键词是色彩、大胆的图形、音乐和抗议。范·贝伦东克深受这种文化症候的影响，从漫画风到束缚装，这种文化氛围融入了他各种风格的时装系列。当新节奏者露出"酸屋"（Acid House）的微笑时，范·贝伦东克的设计风格依托于流行和速度的图解而流行开来。

尽管 20 世纪 80 年代的人们沉浸在新音乐、夜总会和时尚之中，但也存在阴暗的一面。因为这时青年失业率高、环境问题日益突出，核战争也仍然是现实存在的威胁。这样的环境为范·贝伦东克以及凯瑟琳·哈姆尼特等设计师提供了创作动力，他们成为时装系列中的图像，为我们提供了一个更为乐观的未来。1989 年，范·贝伦东克以"闲情逸致"（Leisure for Pleasure）为口号，推出了"华特世界"（Walter Worldwide）品牌，一年后，他宣布时尚已死，并推出同名的春夏时装系列。"'时尚已死系列'是我对时装行业的回应。从事时尚工作的虚伪和艰难令我失望。"[11]

范·贝伦东克也深受艾滋病问题的影响，艾滋病正以飞快的速度席卷全球。西方世界在 1981 年诊断出第一例艾滋病病例，到 1990 年左右感染艾滋病的人数已达 800 万，其中创意产业从业者感染艾滋病及其相关并发症的死亡人数最高。[12] 许多摄影师［赫伯·里兹（Herb Ritts）]、造型师［雷·佩特里（Ray Petri）]、时装设计师［弗兰科·莫斯基诺（Franco Moschino）] 和音乐家［弗雷迪·默丘里（Freddie Mercury）] 都死于艾滋病。创意产业组织了慈善活动，为相关的研究和社会服务筹集资金，以应对病毒日益扩大的影响。

恋物癖、小丑、仪式

在许多方面，范·贝伦东克对艾滋病危机的反应和其他设计师一样；他通过系列作品发表充满政治色彩的声明，以引起人们对对抗艾滋病毒和促进安全性行为的关注。在"天堂游乐产品"系列（1998 年秋冬）中，男模们穿着覆盖全身的乳胶紧身衣，脸被刺眼的羽毛面具遮住。女模特穿着印有大卫·鲍伊式闪电的橡胶和乳胶制成的紧身连衣裤[1]，拉链从脑后延伸至胯部。整个身体仿佛都裹在避孕套里。让-巴蒂斯特·蒙迪诺（Jean-Baptiste Mondino）在摄影作品中定格了这一系列设计，照片描绘了模特们沉浸在有着巨大的充气阴茎和性玩偶的气球床里。

范·贝伦东克除了希望提升群众对艾滋病认知外，还将传统的家庭仪式作为叙事方式，使用"性小丑"的形象大胆地描述同性恋和嗜好小丑（小丑、哑剧演员和滑稽艺人的性吸引力）。"我对色情不感兴趣，"他评论道，"但是在恋物癖的世界里发生的仪式非常不同。我对统治仪式充满兴趣，它和民族仪式很接近。"[13] 小丑在不同的文化中都被用来传递社会观念，比如印度的小丑埃杜。由于僵化的文化和宗教氛围，印度不允许群众在公众场合讨论性话题，因此任何关于性或健康的讨论都很难开展。作为提高人们对艾滋病防范意识的一部分，非营利组织"花信"（Blossom Trust）在泰米尔纳德邦发起了一项公共项目，该项目使用了传统戏剧的埃杜小丑宣传安全性行为。"红鼻子象征着人们对社会中某些不可接受的状况和生活方式的愤怒，埃杜小丑呼吁儿童健康和性教育。"[14] 同样，美国西南部的玛雅—雅基印第安人的普韦布洛小丑，或称"欢乐制造者"扮演着神圣的角色，他们将严肃问题轻描淡写，引人发笑。小丑们涂脂抹粉、戴着精心制作的面具掩盖自己的身份。在描述普韦布洛小丑的仪式时，美国人类学家拉尔夫·比尔斯（Ralph L. Beals）写道：

---

[1] Catsuit，指各种弹性面料制作的紧身连衣裤，又称"猫服"。——译者注

这些戴着面具的人互相取笑，他们在狗身上跌倒、在尘土中打滚，他们还会假装害怕，有时将玩偶放在地上当作圣人礼拜，他们假装吃屎喝尿，用他们的木制砍刀插进路过的驴马或者人的身体里，有的人还在单膝跪地祈祷。后者是对普韦布洛小丑的污秽饮食习惯的一种变奏······[15]

小丑在亵渎和神圣的阈限空间内循环。他们可能是善良和滑稽的，也可能是不安和邪恶的。在米哈伊尔·巴赫金的《拉伯雷和他的世界》（*Rabelais and his World*，1965 年）中，小丑和傻瓜是最重要的元素，因为他们是文艺复兴狂欢节期间日常生活的一部分。狂欢节是一个几乎允许一切事情发生的时段，无限自由的欢乐和古怪是一大特色。它是一种突破了观众和表演者界限的公共表演，创造了一种以自由和丰富为特征的另类空间。根据巴赫金的说法，在狂欢节期间，日常生活的法则被修改成新的法则，即"自身自由的法则"。[16] 狂欢和盛宴成为一种公共表演，观众和表演者之间没有界限。它创造了一种以自由和丰富为特征的替代空间。小丑是狂欢中的人类化身，巴赫金指出小丑是"某种生命形式，兼具现实和理想两个向度。他们站在生活与艺术的边缘，处于一种特殊的中间地带，他们既不是怪人，也不是傻瓜，他们也不是喜剧演员"。[17] 小丑在早期的希腊和罗马戏剧中首次以"傻瓜"的身份出现，并在 16 世纪中期兴起于意大利的即兴喜剧中进一步发展为戴面具的角色（插图 20）。

虽然小丑在王权传统中扮演滑稽的角色，但在西方流行文化中小丑也有邪恶的一面。例如鲍勃·凯恩（Bob Kane）的 DC 漫画小说《蝙蝠

插图 20

意大利的《丑角》（莫里斯·桑
达，《面具和小丑》，意大利喜
剧，1860），公共版权。

侠》中，小丑被刻画成心理变态的虐待狂。再比如美国连环杀手约翰·韦恩·盖西（John Wayne Gacy）的精神病小丑形象，他强暴并谋杀了33个十几岁的男孩，并把他们埋在自己家的供电管道里。当然还有改编自史蒂芬·金的恐怖小说《它》（It，1986）的上下两部电视电影《它》（It，1990）。[18] 一种邪恶生物以跳舞的小丑模样出现，并使缅因州的美国城镇德里陷入恐怖之中。回到范·贝伦东克和"天堂快感产品"的话题：从头到脚的乳胶紧身衣象征着一种保护措施，象征性地保护身体免受艾滋病病毒的侵害，而小丑本身则象征着病毒的创伤和恐惧。

范·贝伦东克的时装系列包含了人类的集体恐慌，我们的恐惧在社会不安和接受的边缘摇摆。卢克·德里克（Luc Derycke）观察到"范·贝伦东克似乎在寻找对抗的手段，他的系列充斥着那些被现代主义仔细根除和否定的要素"。[19] 虽然现代性是由进步的理念和单向度的前进运动所定义的，但现代主义者的义务是革新、否定和破坏有关人类生存状况、神话与仪式、性与性别、规范与法律的一切传统形式。

10年后，当数字技术成为常态时，"小丑"的主题再次出现在范·贝伦东克2008年春夏男装系列中，名为"性小丑"（Sex Clown）或"性王"（Sex King）。该系列围绕16位虚拟好友的故事展开，他们的名字包括迪克·海德（Dick Head）、F** k-Face、性天使（Sex-Angel）和屁股男孩（Butt-Boy），他们在巴黎时装周的最后一天离开了自己的虚拟世界去到了一个名为"巴塔克兰"（Le Bataclan）的巴黎夜店。"性小丑"是范·贝伦东克的化身，他邀请他们加入夜店。"自20世纪90年代中期以来，虚拟人就一直吸引着我，"范·贝伦东克说，"随着第二人生的到来，虚拟人终于找到了自己的世界，现实世界也开始意识到他们的力量。"[20]

206

这些动物面具是数码存在的肉体再现，体现了设计者将性崇拜和传统仪式相交融的兴趣。

"性小丑"的灵感来自在马里剧院使用的彩色索高波木偶和面具的仪式。索高波（Sogo Bo）是马里的重要节日，参与者们穿着色彩鲜艳的传统织物，配以木雕动物和人形面具，在街头游行中庆祝日常生活。对马里中部的巴纳马人来说，面具有着悠久的历史。面具主要由男性制作，有时作为仪式开始的一部分，有时人们戴着面具表演戏剧，面具通常都和男性的活动密切相关，如打猎或战斗——两者都与死亡接近。因此，面具被用作生者的自然世界和死者的超自然世界之间的媒介也就不足为奇了。在范·贝伦东克的例子中，混凝纸面具是直立的巨大阴茎的象征性再现，将虚拟世界和自然世界连接起来。针织衫和头上的奇妙的动物图案由女帽设计师史蒂芬·琼斯设计，紧身内衣由设计师皮尔先生设计（附图 21）。"如果你不知道他们使用的是非洲面具，你就会困惑这些混凝纸阴茎为什么在人们的头上。"[21]

头盔和面具

沃里克和卡瓦拉罗解释说，面具和服饰作为超自然和自然世界之间的通道装置是一个神灵附体和神灵抽离的过程，类似于萨满开始仪式的过程。沃里克和卡瓦拉罗写道：

> ……可能包括肢解主体，去除或替换肉体，一种仪式可以被解读为因进入象征符号而引发的对物质性现象的隐喻性回归，这种仪

式既表现了自己具有可替代的皮肤或肉体，也在突出自身不变的物质性。[22]

这个过程与庄严的假面舞仪式密不可分，在假面舞中，"真实"身份的伪装允许人们抛弃禁忌、放纵自己。巴赫金说：

> 变化和再生的喜悦、快乐的相对性以及对一致性和相似性的断然否决，这些都与面具联系在一起；面具拒绝自己。面具还与转变、变态、违反自然界限、嘲弄性和亲昵性的绰号相关。它包含了生活中有趣的元素，并建立在现实和意象之间的一种特殊关系之上，带有最古老的仪式和场景的特征。当然，我们不可能把面具多种复杂的形式象征表现得淋漓尽致。但我们必须指出，模仿、漫画、鬼脸、古怪的姿势和滑稽的手势本身就是从面具衍生出来的，它揭示了荒诞的本质。[23]

此外，面具作为一种分析工具，创造了一个主观空间，影响了性别和性行为的准则，并强调了特蕾莎·德·劳瑞蒂（Theresa de Lauretis）所称的"性别技术"（technologies of gender）。[24] 面具往往强调某些身份的虚构与建构，因为它具有典型的人为性。[25] 巴赫金利用面具的双重功能解释了面具在历史上被使用的不同方式以及其代表的不断变化的文化态度。他在书中将面具描述为一个"介入的盾牌"，保护个人隐私，同时允许与他人互动。他写道："面具与过渡、变形、突破自然边界有关……它建立在现实和想象之间的一种特殊关系之上。"[26]

范·贝伦东克的系列存在大量的面具和头饰。在 1997 年秋季系列《虚拟人》（Avatar）中，他要求女帽设计师史蒂芬·琼斯"设计 120 顶帽子，每顶帽子对应一名模特。帽子由电脑部件、在模特头上飞下来的动感帽子和带有昆虫漫画的卡通树叶组成。"[27] 在"狂野及致命的废物"W.&L.T.（Wild and Lethal Trash）的标签下设计，范·贝伦东克和德国牛仔品牌"野马"（Mustang）1993 年到 1999 年间合作设计的《虚拟人》在巴黎圣德尼空间展出，采用了三条平行走秀的方式展示该系列的主题。40 名模特戴着透明的眼罩模仿超级英雄，40 名非洲模特戴着金属镜框和战争装扮，40 名亚洲模特介绍了该品牌的第一个女装系列。

2012 年冬天，范·贝伦东克将他的男装系列称为"欲望永不眠"（Lust Never sleep），用一种殖民时期的潜台词——SM、巫毒面具和巴布亚新几内亚盾牌——颠覆了经典的剪裁风格。黑人模特手持藤条，脖子上坠着挂锁，身穿色彩鲜艳的套装，头戴英国圆顶礼帽，手上戴着手套，脸上挂着由弹性粘膏模仿高加索人皮肤制成的装饰面具（附图 22 和 23）。

无论这些对奴隶制的强调是否有意为之，它们都令人感到不安。SM 仪式、黑色的身体、西装和英国圆顶礼帽的结合，通过精妙的裁剪而更具魅惑力。作为文本系统，该系列将人们的注意力吸引到与"文明化"有关的殖民话语中，并让人想起梅普尔索普（Mapplethorpe）的作品。自从 20 世纪 80 年代范·贝伦东克与摄影师见面以来，梅普尔索普的作品就对他产生了持续的重要影响。梅普尔索普以迷恋裸体的黑人男性身体而臭名昭著。他将黑人男性身体抽象出来，并通过视觉表现将他们展示为被动的，这种视觉呈现给予白人男性凝视的特权。通过以特定的方式裁剪身体的形象，黑人男性裸体的具体形象被客观化，看起来像是受到了（白人）艺术家的操纵。科贝娜·默瑟（Kobena Mercer）

写道，在梅普尔索普的摄影中，黑人男性身份的"本质"在于性领域。"SM仪式的摄影唤起了亚文化的性行为，而黑人男性被束缚（我们的重点），他们的存在被定义为性，除了性什么都没有，因此他们是性欲过度的。"[28]

尽管范·贝伦东克设计美学的越轨本质冲击了资产阶级，并且引发人们去关注社会和政治问题，但它仍然是"难以抗拒的想法"，蒂姆·布兰克丝（Tim Blanks）认为，"他那光鲜亮丽的文明的西装也是野蛮冲动系统的面具"。[29] 在《黑皮肤，白面具》（*Peau noire，masques blancs*，1952）中，弗朗兹·法农（Frantz Fanon）研究了法国殖民帝国时期（1534-1980）奴隶制和殖民主义对非洲精神的恶劣影响。法农认为殖民主义的过程和话语使黑人失去主体，使得他们在白人占主导地位的世界中感到力不从心。殖民的影响将黑人主体从他的本土身份中分离并移除，导致黑人主体不得不接受帝国中心的文化以获得归属感。由此产生的自卑情结使黑人主体对白人统治阶级感到不满，为了被白人统治阶级接受，他们盗用和模仿白人统治阶级的服饰、举止和仪态。"每一个殖民地的人，"弗朗兹·法农写道，

> 换言之，被殖民者心中存在一种自卑情结，本土文化独创性的消失和死亡造成了这种自卑情结——他们发现自己所面对的是文明国家的语言，即宗主国的文化。就是说，殖民地是否脱离了本土的荒蛮与其接受宗主国的文化程度息息相关。他越想放弃自己的"黑"和荒蛮，便愈发显得"白"了。[30]

虽然法农批评了马提尼克人采用法国殖民者的方式的自命不凡，但

是模仿不应该被看作是一种消极的行为，而应被视为一种颠覆性的抵抗策略，它暴露了主导力量中的人为因素。

范·贝伦东克在"欲望永不眠"中清楚地表明了自己的意图：他用布料制成巫毒和巴布亚新几内亚武士盾牌，然后制成西装，这是一种未来派的纨绔主义。这些时尚非常古怪、边缘化，但是也一丝不苟、自我陶醉，这是所有花花公子都应该具备的品质。这些因素让人想起了萨普洱（Sapeurs），或非洲刚果（金）的萨普洱（SAPE），即品酒师和高雅人士的社会成员（Société des Ambianceurs et des Personnes Élégantes）。它起源于 20 世纪 30 年代的金沙萨和布拉柴维尔，萨普洱效仿法国和比利时殖民者的举止和着装规范（附图 24）。和其他俱乐部一样，它的会员对色彩、优雅、美丽、品位和风格的和谐都有严格的规定，这在很大程度上要归功于 19 世纪关于花花公子的概念。

西玛·戈弗雷（Sima Godfrey）认为，花花公子的性格和存在状态都是"古怪的局外人或精英核心成员，他在藐视社会秩序的同时又以高雅的品位体现了他的终极标准"。[31] 在这方面，花花公子本身就是一个夸张的时尚形象，他站在人群之上，再现了大众渴望的理想形象。在《现代生活的画家》（The Painter of Modern Life，1863）一书中，查尔斯·波德莱尔（Charles Baudelaire）描写了 19 世纪巴黎花花公子的"时髦"现象。他将花花公子描述为唯美主义者，他"富有""疲惫"而"讲究"，同时也"奢华""永远追求高雅"。[32] 他在书中写道："这些人除了培养自己内在的美德，满足自己的激情，去感受和思考之外，别无他求。"[33] 在波德莱尔看来，纨绔主义规则松散，需要自我约束："纨绔主义，是一套高于法律的制度，其全部的客体都有一套需要严格遵守的规则，无论他们有何种与生俱来的冲动和独立性格。"[34] 这种规则超越了"对于服装和物质的过度享乐",而更要培养"差异、贵族优越感和享有掌控权的任性"。[35] "花花公子"属于"手足关系",是"自我崇拜"的"大祭司"。作为"自我崇拜"的一分子,萨普洱与维多利亚时代的花花公子有很多共通之处,他们都体现了"时代精神",即颓废、奢靡、诡计、对优雅和唯美的崇拜——这些都是在社会动荡和经济衰退时期被鼓吹的。花花公子最有可能出现在一个民主尚未占主导地位,但贵族阶层的地位略有动摇的短暂时期中。[36] 罗莎琳德·威廉姆斯(Rosalind Williams)在一项关于 19 世纪法国民众消费的研究中指出,波德莱尔认为花花公子是"颓废中最后一丝英雄主义",他们是对"资产阶级甚至大众文化的侵犯,通过重申传统的勇敢、锐气与风度来攻击资产阶级和群们的粗俗"[37] 的回应。"这些最后的朝臣,花花公子,"威廉姆斯写道,"正在反抗未来,然而在重新定义贵族时,他们变成了社会先知。"[38] 与花花公子一样,萨普洱对服饰细节的关注已经成为一种应对殖民统治和严格同化政策的方式,同时也是一种反叛和对抗的手段。刚果(金)当下的冲突是第二次刚果战争的结果,这场战争始于 1998 年,结束于 2003 年,已经造成超过 54 亿人死亡 [1] 和数以百计的难民。

　　自 1876 年被比利时帝国殖民以来,刚果(金)经历了持续的动乱和战争。最初刚果是比利时国王利奥波德二世的私人领地,比利时政府以利奥波德统治的谋杀和酷刑为由,接管了该地区。基督教组织和传教士将这个地区作为殖民统治的一部分来管理,一直延续到 1960 年。作

---

[1] 此处数据有误,约为 400 万。——注者译

为"教化使命"的一部分，传教士们强迫刚果人穿着西方服饰，推行与身体和心灵相关的道德经济，宣扬纯洁和禁欲原则。这些原则仍然被萨普洱遵守着，他们每天衣着保守、清洁，遵守远离毒品的清规戒律。"自我的外在表现是殖民社会的一个重要方面，"张怡（Patty Chang）说：

> 萨普洱明白坚持自我的重要性并制定了精致的准入机制。他们甚至连走路都是个性化的艺术形式。年轻人会因自己的与众不同而嘲弄群众，然后在舞台上信步前行，高昂着头，耸起肩膀，展示着他们的服饰。[39]

范·贝伦东克的"欲望永不眠"是为了引起人们对比利时殖民历史阴暗面的关注吗？或者这个充满性暗示的服装系列仅仅强调了非洲文化当中被西方话语体系占有，消失了原初意涵而被剔除出历史的那些方面（如战争盾牌和巫毒面具）？范·贝伦东克对符号和影像的收集以及"他者"世界的关注反映了美学和权力更广泛的文化规则。尽管詹姆斯·克利福德（James Clifford）写的是博物馆收藏而非时尚，但他的框架仍然适用：

> 收藏的概念，至少在西方，时间是线性而不可逆的，收藏意味着从不可避免的损失或历史的衰退中留存一部分事物。这些收藏品包括值得"保存"、记住和珍惜的东西。陈旧的器物和风俗因为收藏而得以"跳出时间"。[40]

在"欲望永不眠"中，图案被选择、收集并脱离最初的时间，它在新安排中被赋予了持久的价值。苏珊·桑塔格（Susan Sontag）的《论渴望》（On Longing, 1992）一书探讨了自 16 世纪帝国主义扩张时期以来西方所采取的某些战略，并借此跨过了语言与经历之间的鸿沟。与马克思对商品拜物教的描述相一致，桑塔格认为"现代博物馆（收藏品）是事物之间关系的一种错觉，它与社会关系脱节，并取代了社会关系"。[41] "收藏品通过去除物品（巫毒面具）、图案（巴布亚新几内亚盾）标志的文化、社会和历史背景成为抽象的整体，创造出一种可以代表世界的幻象。""欲望永不眠"成为想象中的非洲的转喻。然后重新建立一个分类系统，该系统推翻了巴布亚新几内亚战争盾中男性气概的原始含义，完全抹去面具的宗教背景。"可客体世界是既定的，而不是创造出来的，因此这样操作掩盖了权力的历史关系。"[42] 同样的，奥斯卡·王尔德（一位精致的花花公子）曾说过："整个日本都是纯粹的发明。从没有这样的国家，也从没有这样的人。"[43] 在不同的背景下，帕特里奇亚·克雷费托（Patrizia Calefato）指出："电影是社会意象强有力的发生器，（因为）它构建了未来主义的科幻场景，通常通过奢华的标志使永恒和时间可视化。"[44] 这对于时装系列也同样适用，尤其是范·贝伦东克的作品。

身体的变化、形态和美丽

"这是时尚噱头吗？这是一个病态的玩笑，还是新千年人类装饰的创意？"[45] 在巴黎时装周上看到范·贝伦东克 1998 年春夏系列"相信"之后，苏西·门克斯（Suzy Menkes）难以置信地说。模特们将假体戴在脸上，改变鼻子、脸颊和下巴的形状，以致敬法国先锋艺术家奥兰，奥兰通过整形手术重塑自己的身体，并拍摄了这个过程。"这就像俱乐部里的万圣节，"门克斯继续说道，"这种妆容作为一种象征，最初是一种时尚：假体被用来改变模特脸型，拉长鼻子、在脸颊上加上星际迷航的造型，或者在脸上植入高尔夫球般大的突起。"[46] 因此，范·贝伦东克在他的时装系列中跨越了美、性别甚至物种的界限，改变了男性气概的表现形式和人或其他事物的意义。化妆师英格·格罗尼亚德（Inge Grognard）说她"已经习惯了华特思考美的方式，他只是认为美是与过去不同的事物，从而经常质疑美"。[47] 在 1998 年春夏的"黑佳丽"（Black Beauty）系列中，范·贝伦东克提出了许多有趣的问题，比如美的标准、整形手术在改变身体以创造新的外观和造型方面的可能性。"我想展示的是，标准可以被重新思考或改变。未来的身体将不同于我们今天所知道的身体，这意味着服装也会不同。"[48]

正是在动乱时期，范·贝伦东克经常将美的概念作为政治宣言用以提示观众生命的脆弱。当基地组织恐怖分子袭击讽刺了他们的杂志《查理周刊》（Charlie Hebdo）的巴黎办公室，杀害十名雇员和两名警察时，范·贝伦东克在 2015 秋冬系列中发表了强有力的声明，"停止恐吓我们的世界"。带有埃及眼妆的男模特身着印有抗议标语的透明塑料 T 恤走上 T 台，T 恤上写着"渴望美"和"表达美"。它传达的信息很清楚：该系列呼吁视觉和创意自由。"我们拥有拥抱美好事物的愿望和权利，可是现在越来越多的人没有机会看到这些美好的事物。"[49] 这也提醒我们，若能拥抱各种形式的美，世界将会更加美好（插图 21）。

在范·贝伦东克的时装系列中，非传统美的概念以混合的形式出现。

插图 21

华特·范·贝伦东克 2015 年春秋"停
止恐吓我们的世界"系列,由弗朗索
瓦丝·杜兰 (Francoise Durand) 拍摄。

在 1998 年春夏时装系列"对美的迷恋"中，他扮演拉特姆（Latmul）的鳄鱼人"Puk Puk"出现在 T 台上。在接下来的几个时装系列，包括 2009 年秋冬系列"灼热"（Glow）在内，都出现了新圭亚那男性社会的神秘面具"Duk Duk"。"欢迎小陌生人"（1997 年春夏）的整个系列都基于外星人精神的理念，它们造访地球并以奇怪的方式行动。

范·贝伦东克想表达的理念很明显，即号召人们展示自我的独特性。差异政治与女权主义、民权运动、同性恋解放运动等社会运动有关，这些运动的目的是通过宣扬和歌颂自己文化的独特性来削弱白人男性霸权。这一论争的关键是，差异理论的形成本身就嵌入语言之中，并且对意义生产至关重要。在结构主义和后结构主义的传统当中，差异被理解为身份的构成元素，因为身份是通过差异的相互作用产生和呈现的。身份并不是固定不变的，而是根据文化的不同在意义产生的层面上不断地发生推迟、转变和演化。

范·贝伦东克将人、动物和外星人交织在一起创造出新的混合身份，进而挑战人类本质概念的有效性。这些新的身份创造了多重的空间，使得人们反思新的文化意义生成框架、质疑文化和身份中存在的限制与界限具有了新的可能性。范·贝伦东克的模糊身份跨越了物质和非物质空间，人类、动物和外星人能够在不同的文化和语言之间寻找到交集。在一个技术为我们重新想象自己的身体提供了无限的可能性的世界里，范·贝伦东克提醒我们，在宏大叙事当中，还有许多更为重要的事物存在。

CONCLUSION:

To Alexander McQueen, In Memoriam

· ·

结语：
纪念亚历山大·麦昆

2010 年 2 月 11 日亚历山大·麦昆自杀之后，他的作品中充斥的死亡元素进入人们的视线。可以肯定地说这些元素始终存在，但是我们难以将其作为他结束自己生命的征兆，也不可能凭借这些阻止悲剧。他的毕业作品《开膛手杰克跟踪他的受害者》（*J is for Jack the Ripper "Stalks His Victims"*，1992) 为他后期的创作奠定了基调，那就是痴迷于暴力、侵犯和不死的执念。与同时代的马吉拉、卡拉扬以及本书中提到的韦斯特伍德和川久保玲一样，麦昆成就了一种时尚观，即时尚具有超越谄媚和取悦的能力。时尚有着不可思议的唤起记忆的能力，能够在阶级、性别、价值、结构、方法等方面激发复杂而刺激的话语。它向我们展示生活，并帮助我们抛弃传统和陈词滥调。之所以提及麦昆，是因为他的作品中死亡面孔的卓越呈现能够帮助我们梳理复杂的关联。无处不在的死亡笼罩着所有设计师，当然也包括这本书中的每一位。在他们的创作中，毁灭的视觉语法可以体现死亡，"人的死亡"可以验证死亡，半机械后人类可以暗示死亡。死亡可以是当下肉体的缺席，也可以是古老过去的苏醒。

对于这种复杂的关联，存在一种具有温和的浪漫主义和人文主义色彩的解释，即伟大的艺术与世界的阴暗共存，与人类的苦难相融。这是一种悲怆（pathétique），它的内涵深刻地渗透到人类变幻莫测的苦难之中。苦难是人类生存的核心，这是犹太基督教的信条，然而当今时代的我们仍然无法摆脱这种观念。随着当代艺术越来越多地成为娱乐的同伙和营销的表演，时尚设计师如何能负担起后流行时代愈演愈烈的玩世不恭和视觉庸俗？这是一个宏大而严肃的问题，也很可能会引起误导。死亡是一个超越时代和风格的概念，想要认真创作就必须思考这一点。死亡是时尚的本质、存在和意义。指认某事时尚就预示着它已经不再时尚而变得流俗，就预示着上升和不可避免的坠落。比如贾科莫·莱奥帕尔迪 (Giacomo Leopardi) 著名的《时尚与死亡的对话》(*Dialogue Between Fashion and Death*，1824 年) 中所言，时尚与死亡是一枚硬币的正反两面。

死亡是所谓时尚时代的核心，但它也被镌刻在服饰内部，这是为了回应坠落之后的羞耻与谦虚。正如吉奥乔·阿甘本（Giorgio Agamben）

所言：

> 时尚的时代，构造性地预测自身，结果却也总是显得迟了一步。它总是在"尚未"和"不再"之间不可企及的地方采取某种形式。正如神学家所言，这种想法依赖一个事实，即至少在我们的文化中，时尚是服饰的神学标志，它源于原罪之后亚当和夏娃用无花果叶编织成的第一片衣服。（确切地说，我们穿戴的服饰并不起源于这种植物式的缠绕带而是起源于兽皮外衣"tunicae pelliceae"，根据《创世纪》3：21，这是上帝在把我们的祖先驱逐出伊甸园的时候，给他们的用动物皮毛制成的代表罪恶和死亡的服装。）[1]

直到最近，时尚才否认了它与死亡的多重关系。在沃斯的时代，过去许多无所顾忌的复杂引用，都是为了强调时装具备永恒的品质。保罗·波烈的东方主义则诉诸遥远的神秘时代，薇欧奈（Vionnet）对古希腊服饰的运用也是如此，她使用富有力量而怀旧的古典主义风格。香奈儿和帕图的简约风格旨在适应和抵御奇想与潮流。在某种程度上，像T恤和牛仔裤这样的休闲经典也具有这样的品质，吉尔·桑达、赫尔穆特·朗和乔治·阿玛尼那种不张扬的时尚同样如此。基本来说，时尚可以淡化死亡，因为它的存在让人们不再购买陈旧之物。而在更广泛的市场中消费者并不能负担每年衣橱的更新，所以做简单的、干净的、经典的仅随季节而变的时装也是一种可行的实践。

直到最近，正如本书提出的，死亡才被深深铭刻在时尚的美学和现象学之中。从裂口到机器人，生活充满了不可否认的偶然性和不可磨灭的脆弱性。与其去想本书中分析的时尚和其他类似的时尚，比如浪漫的怀旧或者回归到更真实的旧价值观，不如去看看阿甘本探讨的更简单的关系。那就是，在传统意义上，服饰消解了羞耻和不悦，带来了稳重和愉悦。虽然这些概念或多或少仍会被引用，但批评时尚并没有否认这些，而是将羞耻、恐惧、邪恶与另类置于服装逻辑的中心。仿佛服饰已经在人类堕落之后得到解放，放弃了身体和服饰的依存关系，时装可以不受旧有偏见和期望的影响而独立存在，并有能力创造自己的神话最终使幻想成真。

NOTES

注　释

Introduction: From Subculture to High Culture

1 Vivienne Westwood and Ian Kelly, Vivienne Westwood, Oxford and London: Phaidon, 2014, 134.

2 Theodor W. Adorno, Prisms, trans. Sam and Shierry Weber, Cambridge, MA: MIT Press (1981) 1990, 19.

3 Ibid., 20.

4 Ibid., 27.

5 Michel Foucault, "What is Critique?" trans. Lysa Hochroth, in Politics and Truth, ed. Sylvère Lotringer and Lysa Hochroth, New York: Semiotext(e), 2007, 25.

6 Julian Stallabrass, High Art Lite, London and New York: Verso 1999.

7 See Adam Geczy and Jacqueline Millner, Fashionable Art, New York and London: Bloomsbury, 2015.

8 T. J. Clark, "Modernism, Postmodernism, and Steam," October 100, Spring 2002, 161.

9 Hal Foster, "Post-Critical," October 139, 4–8.

10 David Geers, "Neo-Modern," October 139, 13.

11 Ibid., 14.

12 Mario Perniola, Art and Its Shadow (2000), trans. Massimo Verdicchio, New York and London: Continuum, 2004, 5.

13 See Adam Geczy and Vicki Karaminas, Queer Style, chapter one, New York and London: Bloomsbury, 2013.

14 See Adam Geczy, Fashion and Orientalism: Dress, Textiles and Culture from the 17th to the 21st Century, London and New York: Bloomsbury, 2013.

15 See, for instance, Monica Sklar, "Is Punk Style Still Extreme?" in Punk Style, London and New York: Bloomsbury 2013, 146–148.

16 Colin Crouch, Post-Democracy, London and New York: Polity, 2004; Pierre Rosanvalon, Counter-Democracy, trans. Arthur Goldhammer, Cambridge and London: Cambridge University Press, 2008.

17 Michel Maffesoli, The Time of Tribes, London: Sage, 1996.

18 Katherine Hayles, How We Became Posthuman: Virtual Bodies in Cybernetics, Literature and Infomatics, Chicago and London: Chicago University Press, 1999; Stefan Herbrecheter, Posthumanism: A Critical Analysis, London and New York: Bloomsbury, 2013.

1 Vivienne Westwood's Unruly Resistance

1 In the words of Westwood, her shop World's End "opened at maybe one o'clock. A couple of people would put on music and [someone] got a cup of tea. Models maybe would come for a photo shoot—Justine de Villeneuve or Twiggy: the King's Road was like a film set then, a kid's dream. I was where it was all happening. There'd be people looking out for the pop stars who came by: Jagger and Bianca, and Keith Richards and Peter Sellers, Rod Stewart, Freddie Mercury, Marianne Faithfull, Jerry Hall, Britt Ekland, Elton John." Westwood and Kelly, Vivienne Westwood, 140–141.

2 Luca Beatrice, "Walking in My Shoes," in Luca Beatrice and Matteo Guarmaccia eds., Vivienne Westwood: Shoes, trans. David Smith, Bologna: Damiani, 2006, 7.

3 Westwood and Kelly, Vivienne Westwood, 145.

4 Ibid.

5 Brenda Polan and Roger Tredre, The Great Fashion Designers, Oxford and New York: Berg, 2009, 184.

6 Westwood and Kelly, Vivienne Westwood, 160.

7 Fred Vermorel, Fashion and Perversity: A Life of Vivienne Westwood and the Sixties Laid Bare, London: Bloomsbury, 1996, 80–81.

8 Claude Lévi-Strauss, La Pensée sauvage, Paris: Plon, 1962, 26ff.

9 Gilles Deleuze and Félix Guattari, L'Anti-Œdipe, Paris: Minuit, 1972, 13.

10 World's End. 430 King's Road London, http://worldsendshop.co.uk/about/, accessed November 22, 2015.

11 Dick Hebdige, Subculture: The Meaning of Style, London: Methuen, 1979, 108.

12 Craig O'Hara, The Philosophy of Punk: More than Noise, London and San Francisco: AK Press, 1999, 102ff.

13 Ibid., 109.

14 Claire Wilcox, Vivienne Westwood, London: V&A Museum, 2004, 14.

15 Mark Blake ed., Punk: The Whole Story, London and New York: Mojo, 2006, 61.

16 Monica Sklar, Punk Style, London and New York: Bloomsbury, 2013, 27.

17 Ibid., 28–45.

18 Ibid., 75.

19 Ibid., 73.

20 Cit. Caroline Evans and Minna Thornton, Women and Fashion: A New Look, London and New York: Quartet Books, 1989, 148.

21 Deleuze and Guattari, L'Anti-Œdipe, 164.

22 See Adam Geczy and Vicki Karaminas, Fashion's Double: Representations of Fashion in Painting, Photography and Film, London and New York: Bloomsbury, 2016, especially chapter one: "Painting Fashion."

23 Evans and Thornton, Women and Fashion, 147.

24 Westwood and Kelly, Vivienne Westwood, 208–209.

25 Ibid., 236.

26 Oxfam is an international confederation of seventeen organizations founded in Oxford in 1942 whose mission is to eradicate social injustices and poverty.

27 Wilcox, Vivienne Westwood, 17.

28 Evans and Thornton, Women and Fashion, 148.

29 Ibid., 149.

30 Wilcox, Vivienne Westwood, 21.

31 The Greek island of Cythera, which lies to the south of the Peloponnese Peninsula in the Ionian Sea, is reputed to be the birthplace of Venus, known as Aphrodite, the goddess of love in Greek mythology.

32 Wilcox, Vivienne Westwood, 22.

33 Caroline Evans, Fashion at the Edge. Spectacle, Modernity and Deathliness, New Haven and London: Yale University Press, 2003, 297.

34 On September 15, 1954, in a scene from The Seven Year Itch (1955, dir. Billy Wilder, 20th Century Fox), American actress Marilyn Monroe made media history when she stood on top of a New York subway grate wearing a white dress that caught the upward breeze, lifting the fabric and revealing her white underwear.

35 Hannah Ongley, "Penis Shoes and A Topless Kate Moss at Vivienne Westwood's 1995 'Erotic Zones'," http://blog.swagger.nyc/2015/04/30/tbt-penis-shoes-and-topless-kate-moss-at-vivienne-westwoods-1995-erotic-zones/, accessed November 24, 2015.

36 http://www.vogue.co.uk/fashion/spring-summer-2010/ready-to-wear/Vivienne-westwood, accessed November 27, 2015.

2 Rei Kawakubo's Deconstructivist Silhouette

1 Take as one recent example, Robin Givhan in Newsweek, June 11, 2012: "When she debuted in Paris in 1981, during the height of the Dynasty period of ostentation, she caused a stir with a deconstructed collection she called 'Destroy'." "Rei Kawakubo:

The CFDA fêtes a fashion sphinx," Newsweek, 159.24, http://search.proquest.com. ezproxy1.library.usyd.edu.au/docview/1017537996?pq-origsite=summon, accessed May 18, 2015.

2 Other designers who have come to be associated with the term deconstruction due to "unfinished" garments include Karl Lagerfeld, Martin Margiela, Ann Demeulemeester and Dries van Noten. See Alison Gill, "Deconstruction Fashion: The Making of Unfinished, Decomposing and re-Assembled Clothes," Fashion Theory, Vol. 2, No. 1, 1998, 25. Gill also discusses the looser adaptations of the word deconstruction by fashion and other design discourses, 26ff. However, this essay departs from Gill on several fronts, starting with preference for the use of deconstructive and deconstructivist over deconstruction fashion.

3 Jacques Derrida, De la Grammatologie, Paris: Minuit, 1967; On Grammatology, trans. Gayatri Chakravorty Spivak, Baltimore and London: Johns Hopkins University Press, 1976.

4 Christopher Norris, Deconstruction: Theory and Practice, London and New York: Routledge (1982), revised edition, 1991, 49.

5 Rodolphe Gasché, The Taint of the Mirror: Derrida and the Philosophy of Reflection, Cambridge, MA: Harvard University Press, 1986, 129.

6 Ibid., 130.

7 J. Derrida, "Letter to a Japanese Friend," in Jonathan Culler ed., Deconstruction: Critical Concepts in Literary and Cultural Studies, London and New York: Routledge, 2003, 1: 25.

8 Laura Mulvey, "Visual Pleasure and Narrative Cinema," Screen, Vol. 16, No. 3, Autumn 1975, 6–18.

9 See Gilles Deleuze, Spinoza: Philosophie pratique, Paris: Minuit, 1981, 68–72, 74–77.

10 Louise Mitchell, "The Designers," in The Cutting Edge. Fashion from Japan, ed. Louise Mitchell, Sydney: Powerhouse Publishing, 2005, 55.

11 Ibid., 55.

12 Mark Wigley, "Deconstructivist Architecture" in Jonathan Culler ed., Deconstruction: Critical Concepts, 3: 367.

13 Ibid., 368.

14 Ibid., 370.

15 Jacques Derrida, "Point de Folie—Maintenant L'Architecture," in ibid., 412.

16 Ibid., 404.

17 J. Derrida, "A Letter to Eisenmann," trans. Hilary Hanel, Assemblage 12, 1990, 11.

18 Peter Eisenman, "Post/El Cards: A Reply to Jacques Derrida," Assemblage 12, 17.

19 Peter Eisenman, "Blue Line Text'" in Jonathan Culler ed., Deconstruction: Critical Concepts, 3: 419.

20 See, for example, Kim Hastreiter, "Mopping the Street": "Sometimes even the

homeless have inspired looks for the street. For years Rei Kawakubo of Japan's Comme des Garçons has been offering the ragged look of ladies." Design Quarterly, 159, Spring 1993, 34–35.

21 M. Wigley, The Architecture of Deconstruction: Derrida's Haunt, Cambridge MA: MIT Press, 1993, 147.

22 Janie Samet, "Printemps/Été 1983, 6 Jours de Mode," Le Figaro, October 21, 1982, cit. Akiko Fukai, "Future Beauty: 30 Years of Japanese Fashion," in Catherine Ince and Rie Nii eds., Future Beauty: 30 Years of Japanese Fashion, exh cat, New York and London: Merrell and the Barbican Centre, 2010, 14.

23 Yuniya, Kawamura, The Japanese Revolution in Paris Fashion, Oxford and New York: Berg, 2004, 96.

24 John McDonald, "Future Beauty: 30 Years of Japanese Fashion Chronicles Couture Visionarie",' Sydney Morning Herald, January 9, 2015, http://www.smh.com.au/entertainment/art-and-design/future-beauty-30-years-of-japanese-fashion-chronicles-couture-visionaries-20150105-12hyyz.html, accessed January 5, 2016.

25 Gill does not agree with these terms: "About 'destroy' it could be said [sic] that there are explicit references to a punk sensibility of ripping, slashing and piercing clothing as well as an artificially enhanced 'gringy' or 'crusty' dress, thus setting up a fantasy dialogue with urban zones of the dispossessed and disaffected." "Deconstruction Fashion," 33.

26 Gilles Deleuze, Spinoza: Philosophie pratique, Paris: Minuit, 1981, 102–103.

27 Caroline Evans. Fashion on the Edge, New Haven and London: Yale University Press, 2009, 249.

28 Richard Martin and Harold Koda, "Analytical Apparel: Deconstruction and Discovery in Contemporary Costume," in Info-Apparel, New York: Metropolitan Museum of Art, 1993, 105. See also Evans, ibid., 250.

29 See also Evans, ibid., 260.

30 Gayatri Chakravorty Spivak, A Critique of Postcolonial Reason: Toward a History of the Vanishing Present, Cambridge, MA: Harvard University Press, 1999, 341.

31 Cit. Spivak, ibid., 339.

32 Ibid., 340.

33 See also Geczy, Fashion and Orientalism: Dress, 168–174.

34 Jacques Derrida, De la grammatologie, Paris: Minuit, 1967, 52.

35 Evans and Thornton, Women and Fashion, 157–159.

36 Ibid., 159.

37 Barbara Vinken, "The Empire Designs Back," in Ince and Nii eds., Future Beauty, 39.

38 Ibid.

39 Norris, Deconstruction, 33.

40 See also Valerie Steele, "Is Japan Still the Future?" in Valerie Steele ed., Japan

Fashion Now, New Haven and London and New York: Yale University Press and Fashion Institute of Technology, 2010, 5.

41 Harold Koda, "Rei Kawakubo and the Aesthetic of Poverty," Dress: Journal of the Costume Society of America 11, 1985, 8.

42 Steele, in Steele ed., Japan Fashion Now, 81.

3 Gareth Pugh's Corporeal Uncommensurabilities

1 William Butler Yeats, "The Mask," http://www.online-literature.com/yeats/800/, accessed February 8, 2016.

2 Mikhail Bahktin, Rabelais and His World, trans. Helene Iswolsky, Bloomington: Indiana University Press, 1984 (1965), 410–411.

3 Francesca Granata, "Mikhail Bakhtin. Fashioning the Grotesque Body," in Thinking Through Fashion. A Guide to Key Theorists, ed. Agnes Rocamora and Anneke Smelik, London: I.B. Tauris, 2015, 105.

4 Michael Lippman, "Embodying the Mask: Exploring Ancient Roman Comedy Through Masks and Movement," Classical Journal, Vol. 111, No. 1, October–November, 2015.

5 See also David Fisher, "Nietzsche's Dionysian Masks," Historical Reflections, Vol. 21, No. 3, Fall 1995, 520.

6 Ibid., 524.

7 E. Tonkin, "Masks and Powers," Man, 14, 1979, 246. See also Donald Pollock, "Masks and the Semiotics of Identity," Journal of the Royal Anthropological Institute, Vol. 1, No. 3, 1995, 581–597.

8 Alexandra Warwick and Dani Cavallaro, Fashioning the Frame: Boundaries, Dress and the Body, Oxford: Berg, 1998, 129.

9 Gareth Pugh, http://www.dezeen.com/2015/02/23/gareth-pugh-autumn-winter-2015-va-museum-london-fashion-week/, accessed February 20, 2016.

10 This line is taken from the introduction of Adam Geczy, The Artificial Body in Fashion and Art: Models, Marionettes and Mannequins, London and New York: Bloomsbury, 2016.

11 See Katherine Hayles, How We Became Posthuman: Virtual Bodies in Cybernetics, Literature and Infomatics, Chicago and London: Chicago University Press, 1999, and Stefan Herbrecheter, Posthumanism: A Critical Analysis, London and New York: Bloomsbury, 2013.

12 Elizabeth Grosz, Volatile Bodies: Toward a Corporeal Feminism, Indianapolis: Indiana University Press, 1994, 164.

13 Gilles Deleuze and Félix Guattari, L'anti-Œdipe, Paris: Minuit, 1972, chapter 1.

14 Stephen Seely, "How Do You Dress a Body Without Organs? Affective Fashion and

Nonhuman Becoming," Women's Studies Quarterly, Vol. 41, No. 1/2, Spring/Summer, 2012, 260.

15 Gilles Deleuze and Félix Guattari, Mille Plateaux, Paris: Minuit, 1981, 205ff.

16 Seely, "How Do You Dress a Body Without Organs? Affective Fashion and Nonhuman Becoming," 261.

17 Deleuze and Guattari, Mille Plateaux, 216.

18 Gareth Pugh: Fall 2008 Ready-to-Wear, https://www.youtube.com/watch?v=M8IaGi3LIw.

19 Gareth Pugh Autumn/Winter 2014 Runway Collection, SHOWstudio, https://www.youtube.com/watch?v=ZqTModqKu-Y.

20 For an in-depth discussion of Nick Knight and SHOWstudio and the new genre of fashion film, see Geczy and Karaminas, Fashion's Double.

21 Ruth Hogben and Gareth Pugh, A Beautiful Darkness, Showstudio 2015, https://www.youtube.com/watch?v=IgFqriIMDWA.

22 Vicki Karaminas, "Image- Fashionscapes—Notes towards an Understanding of Media Technologies and their Impact on Fashion Imagery," ed. Adam Geczy and Vicki Karaminas, Fashion and Art, Oxford and New York: Berg, 2012, 184.

23 Karaminas, Fashion and Art, 184.

24 Ruth Hogben, Gareth Pugh Pitti 2011, SHOWstudio, https://www.youtube.com/watch?v=Qo5wdMiXHQ4.

25 Natalie Khan, "Stealing the Moment: The Non-narrative Fashion Films of Ruth Hogben and Gareth Pugh," Fashion, Film and Consumption, (2012): 253.

26 Geczy and Karaminas eds., Fashion and Art, 183–184.

27 Gareth Pugh, http://uniquestyleplatform.com/blog/2014/10/13/pagan/, accessed February 25, 2016.

28 Natalie Khan, Stealing the Moment, 253.

29 Vicki Karaminas, "Übermen, Masculinity, Costume and Meaning in Comic Book Heroes," ed. Peter McNeil and Vicki Karaminas, The Men's Fashion Reader, Oxford: Berg, 2009, 180.

30 Sian Ranscombe, "Gareth Pugh Injects 'Pillow Face' into London Fashion Week Using Tights," Lifestyle and Beauty, Daily Telegraph, http://www.telegraph.co.uk/beauty/make-up/gareth-pugh-beauty-aw16/, accessed February 29, 2016.

31 Ibid, Ranscombe.

32 Judith Halberstam, "Skinflick: Posthuman Gender in Jonathan Demme's The Silence of the Lambs," Camera Obscura, September 9, 1991, (3: 27), 51.

33 Ibid, Halberstam, 41.

34 Gabriella Daris, "Fall 2016 Collections: Marie-Agnés Gillot Stars in Gareth Pugh's LFW Show," Blouinartinfo, February 23, 2016, http://www.blouinartinfo.com/news/story/1336602/fall-2016-collections-marie-agnes-gillot-stars-in-gareth, accessed

February 29, 2016.

35 Vicki Karaminas, Letter from the Editor, Fashion Theory, Vol. 16, No. 2, 137.

36 Julia Kristeva, Powers of Horror: An Essay on Abjection, New York: Columbia University Press, 1982, 4.

4 Miuccia Prada's Industrial Materialism

1 The company was established in 1913 by Mario and Martino Prada under the name Fratelli Prada (Prada Brothers) and specialized in handcrafted luxury leather items and goods. Steamer trunks, walrus leather cases, handbags, beauty cases and a range of accessories, walking sticks and umbrellas were sold. In 1919 Fratelli Prada was appointed a supplier to the Italian royal family.

2 Alecxander Fury, "Is Miuccia Prada the Most Powerful and Influential Designer?" Independent, Wednesday October 7, 2015, Fashion http://www.independent.co.uk/life-style/fashion/features/is-miuccia-prada-the-most-powerful-and-influential-designer-in-fashion-a6683801.html, accessed March 12, 2016.

3 Alexander Fury, Independent, ibid.

4 Alexander Fury, Independent, ibid.

5 http://www.businessoffashion.com/articles/intelligence/miuccia-prada-unravels-difference-prada-miu-miu, accessed March 15, 2007.

6 Jacques Lacan, Écrites: A Selection, trans. Alan Sheridan, New York: Routledge, 1977, 11.

7 Diana Fuss, "Fashion and the Homospectatorial Look," Critical Inquiry, Vol. 18, No. 4, Identities, Summer 1992, 718.

8 Patrizia Calefato, "Italian Fashion in the last Decades: From Its Original Features to the 'new Vocabulary'," Journal of Asia Pacific Pop Culture, Vol. 1, No. 1, 2016.

9 http://www.stuff.co.nz/life-style/fashion/68327252/Prada-adverts-banned-for-sexually-suggestive-images-of-youthful-model, accessed March 14, 2015.

10 Miuccia Prada, Schiaparelli and Prada: Impossible Conversations, New York: Metropolitan Museum of Art, 2012, 68.

11 Ibid., Schiaparelli and Prada: Impossible Conversations, 74.

12 Alexander Fury, "Miuccia Prada: The Master of Ugly," SHOWstudio, June 12, 2014. http://showstudio.com/project/ugly/essay_alexander_fury, accessed March 15, 2016.

13 Ibid., "Miuccia Prada: The Master of Ugly," accessed March 15, 2016.

14 Laia Farren Graves, The Little Book of Prada, London: Carlton Books, 2012, 49.

15 OMA Office Work Search, http://oma.eu/projects/prada-epicenter-new-york, accessed March 2, 2016.

16 Galinsky, People Enjoying Buildings World Wide, Prada Flagship Store New York,

http://www.galinsky.com/buildings/prada/, accessed March 2, 2016.

17 http://www.fondazioneprada.org/visit/visit-milan/?lang=en, accessed March 3, 2016.

18 Gian Luigi Paracchini, The Prada Life, Rome: BC Delai, 2010, 144.

19 Geczy and Karaminas, "Introduction," ed. Adam Geczy and Vicki Karaminas, Fashion and Art, 5.

20 Judith Thurman, "Twin Peaks," Schiaparelli and Prada. Impossible Conversations, New York: Metropolitan Museum of Art, 2012, 26.

21 See Geczy and Karaminas, Fashion and Art.

22 Thurman, "Twin Peaks," 26.

23 Ibid.

24 The Riot Grrrls was a feminist hard-core punk movement that began in the 1990s. It combines feminist consciousness, punk style and guerrilla style politics and is associated with third wave feminism and a DIY ethic.

25 http://www.vogue.co.uk/fashion/spring-summer-2014/ready-to-wear/prada, accessed March 4, 2016.

26 Vogue.com http://www.vogue.com/fashion-shows/spring-2008-ready-to-wear/prada, accessed March 5, 2016.

27 Nicki Ryan, "Prada and the Art of Patronage," Fashion Theory, Vol. 11, No. 1, 2007, 8.

28 Ryan, "Prada and the Art of Patronage," 14.

29 Catherine Martin, https://senatus.net/article/miuccia-prada-designs-prada-and-miu-miu-costumes-great-gatsby/, accessed March 5, 2016.

30 Deborah Jermyn, Sex and the City, Detroit: Wayne State University Press, 2009, 3.

5 Aitor Throup's Anatomical Narratives

1 "Aitor Throup: New Object Research 2013," https://www.youtube.com/watch?v=stwE71ZMp-A http://www.basenotes.net/ID26123491.html http://contributormagazine.com/interview-walter-van-beirendonck/, accessed October 25, 2015.

2 Ibid.

3 "Aitor Throup: London Collections S/S13." https://www.youtube.com/watch?v=4xDpWwQZUqA.

4 Baruch Spinoza, Ethics, trans. Andrew Boyle, revised G. H. R. Parkinson, London: Everyman, (1959) 1993, part 1, def. 4, 3. In his reading of Spinoza's influence on Hegel, Yirmiyahu Yovel states: "The so-called 'attributes' too, cannot be construed as inner specifications of one substance, and therefore, we must dismiss them as products of our subjective minds, products that we project on the structure of the substance. In this criticism, again, Hegel gives a fundamental interpretation to a

well-known Spinozistic problem. Spinoza defines an attribute as "what the intellect perceives of a substance, as constituting its essence" (Ethics, pt. 1, def. 4), and Hegel reads this as if the attribute is only subjective, explaining this by the lack of inner negativity in the absolute, which deprives it of objective self-differentiation. Hegel here again takes sides in a well-known controversy over the nature of human attributes; indeed, he starts it." Spinoza and Other Heretics: The Adventures of Immanence, Princeton, NJ: Princeton University Press, 1992, 37, emphasis from the author.

5 Ibid., 34.

6 Deleuze, Spinoza: Philosophie pratique, 68.

7 Ibid., 110.

8 https://www.youtube.com/watch?v=BMVMPiFLPy8.

9 Spinoza, Ethics, 51–52.

10 Deleuze, Spinoza et le problem de l'expression, Paris: Minuit, 1968, 44. So as not to take these words out of context, Deleuze's discussion here centers on "divine names and the attribues of God," however they can be productively reapplied.

11 Ibid.

12 Brock Cardiner, "Take a look Inside Aitor Throup's Studion," Highsnobiety, http://www.highsnobiety.com/2014/06/23/b-and-o-play-home-styling-aitor-throup/.

13 Lucie Greene, "It's a Man's World," Women's Wear Daily, Vol. 194, No. 54, September 11, 2007, Internet source.

14 Kathryn van Beek, "Kasabian—Velociraptor! (Sony)," 13th Floor, http://13th floor.co.nz/reviews/cd-reviews/kasabian-velociraptor-sony/.

15 Alessandra Comini, Egon Schiele, New York: George Brazillier, 1976, 17.

16 https://www.youtube.com/watch?v=stwE71ZMp-A.

17 Marketa Uhlirova, "The Fashion Film Effect," in Djurdja Bartlett, Shaun Cole and Agnès Rocamora, eds., Fashion Media: Past and Present, London and New York: Bloomsbury, 2013, 123.

18 Ibid., 125.

19 https://www.youtube.com/watch?v=rqoWMjpe5l8.

20 Aitor Throup, "Damon Albarn, 'Everyday Robots'," https://www.youtube.com/watch?v=rjbiUj-FD-o.

21 "Everyday Robots: A digital portrait of Damon Albarn by Aitor Throup," https://www.youtube.com/watch?v=HxUkeOqoD2o.

22 As Benjamin states, "The orientation of reality to the masses and of the masses to reality is process of unlimited scope both for thinking as for seeing." Walter Benjamin, "Das Kunstwerk im Zeitalter seiner technischen Reproduzierbarkei," in Medienästhetische Schriften, Frankfurt am Main: Suhrkamp, 2002, 357.

23 Marshall McLuhan, Understanding Media: the Extensions of Man (1964), London

and New York: Routledge, 2001.

24 As the term first appeared in "Le Cogito et histoire de la folie": "He writes more than he says, he economises. The economy of this writing is a relationship set between what exceeds and the totality exceeded: the différance of absolute excess." Jacques Derrida, L'écriture et la difference, Paris: Seuil, 1967, 96.

25 Lev Manovich, The Language of New Media, Cambridge, MA: MIT Press, 2001, 139.

26 Ibid.

27 Legs, https://www.youtube.com/watch?v=RkkgJhxZBBU.

28 Gilles Lipovetsky, L'empire de l'éphémère: la mode et son destin dans les sociétés modernes, Paris: Gallimard, 1987, 106.

6 Viktor & Rolf's Conceptual Immaterialities

1 Cit. http://www.basenotes.net/ID26123491.html.

2 Malcolm Barnard, Fashion Theory: An Introduction, New York: Routledge, 2014, 23.

3 Geczy and Karaminas eds., "Introduction," Fashion and Art.

4 Cit. Thomas Crow, The Rise of the Sixties, London: Weidenfeld and Nicholson, 1996, 131.

5 Ibid., 103.

6 See Adam Geczy's introduction and rationale in the first chapter in Adam Geczy and Jacqueline Millner, Fashionable Art.

7 Hazel Clark, "Conceptual Art," edited by Adam Geczy and Vicki Karaminas, Fashion and Art.

8 Bonnie English, Japanese Fashion Designers: The Work and Influence of Issey Miyake, Yohgi Yamamoto and Rae Kawakubo, London: Bloomsbury, 2011, 159.

9 For example, Caroline Evans, in Caroline Evans and Susannah Frankel, The House of Viktor & Rolf, exh. cat. Barbican Centre, London and New York: Merrell, 2008, 12.

10 A review in Artforum (December 1995), fashion magazine Visionaire (no. 17).

11 Yves Klein, "L'évolution de l'art vers l'immatériel: Conference à la Sorbonne," in Le dépassement de la problématique de l'art et autres écrits, Paris: École Nationale Supérieure des Beaux-Arts, 2003, 145.

12 Cit. Crow, The Rise of the Sixties, 122.

13 Stéphane Mallarmé, "L'Azur," Œuvres completes, Paris: Gallimard, 1945, 37.

14 Ibid., 38.

15 This even the title of an important study on him by Malcolm Bowie, Mallarmé and the Art of Being Difficult, Cambridge: Cambridge University Press, 2008.

16 Cit. Klein, "L'évolution de l'art vers l'immatériel," 137.

17 Ibid., 146.

18 Klien, "Le dépassement de la problématique de l'art," in Le dépassement de la

problématique de l'art et autres écrits, 83.

19 Caroline Evans, Fashion at the Edge, New Haven: Yale University Press, 2003, 166–167.

20 Ibid., Evans. 166.

21 Lauren Le Rose, "Dutch Design Gurus Viktor and Rolf bring their 'Dolls' Collection to the Royal Ontario Museum for Luminato," Style, National Post, April 9, 2013, http://news.nationalpost.com/life/dutch-design-gurus-viktor-rolf-bring-their-dolls-collection-to-the-royal-ontario-museum-for-luminato, accessed November 18, 2015.

22 Viktor and Rolf, cited by Angel Chang, "Viktor and Rolf," edited by Valerie Steel, The Berg Companion to Fashion, Oxford: Berg, 2010, 710.

23 Susan Stewart, On Longing. Narratives of the Miniature, the Gigantic, the Souvenir, the Collection, Durham and London: Duke University Press, 1993, 48.

24 See Adam Gezcy and Vicki Karaminas, Fashions Double: Representations of Fashion in Painting, Photography and Film, London: Bloomsbury, 2015.

25 Fanny Dolansky, "Playing with Gender: Girls, Dolls, and Adult Ideals in the Roman World," Classical Antiquity, Vol. 31, No. 2, October 2012, 256–292.

26 Cit. Yassana Croizat, "'Living Dolls': François Ier Dresses His Women," Renaissance Quarterly, Vol. 60, No. 1, Spring 2007, 98.

27 Ibid., 94.

28 See also Marianne Thesander, The Feminine Ideal, London: Reaktion, 1997, 81ff.

29 Interview with Susanna Frankel in Evans and Frankel, The House of Viktor & Rolf, 23.

30 Ibid., 24.

31 Fashion or Art? Viktor and Rolf's Autumn/Winter 2015 Haute Couture Collection. http://www.graphics.com/article/fashion-or-art-viktor-rolfs-autumnwinter-2015-haute-couture-collection, accessed November 20, 2015.

7 Rad Hourani's Gender Agnostics

1 This is a harmless neologism to chime with the adjectival structure of all the other chapter titles.

2 Zoolander 2, dir. Ben Stiller, Red Hour Productions, 2016.

3 Rhonda Garelick, Mademoiselle: Coco Chanel and the Pulse of History, New York: Random House, 2014, 48.

4 Rad Hourani, http://www.vice.com/read/fashion-designer-rad-hourani-is-dismantling-the-gender-binary-456, accessed February 9, 2016.

5 Plato, Symposium, in Plato: Five Great Dialogues, ed. Louise Loomis, New York: Gramercy Books, 1942, 179.

6 Ibid.

7 Ibid., 180.

8 Ibid.

9 Ibid.

10 Ibid., 181.

11 Ibid.

12 Donna Haraway, "Manifesto for cyborgs: science, technology, and socialist feminism in the 1980s." Socialist Review 80, 1985, 65–108, reprinted as "A Cyborg Manifesto: Science, Technology and Socialist-Feminism in the Late Twentieth Century," in Donna Harraway, Simians, Cyborgs and Women: The Reinvention of Nature, London and New York: Routledge, 1991.

13 Elaine Graham, "Cyborgs or Goddesses? Becoming Divine in a Postfeminist Age," in Eileen Green and Alison Adam eds., Virtual gender: Technology, Consumption and Identity, London and New York: Routledge, 2001, 307.

14 Ibid., 308.

15 Rad Hourani, http://www.sleek-mag.com/print-features/2015/02/rad-hourani-interview-fashion/, accessed February 15, 2016.

16 Christian Lacroix, https://theballetblogger.wordpress.com/2015/08/23/fashion-in-ballet/, accessed February 16, 2016.

17 http://www.radhourani.com/blogs/projects/15063485-unisex-anatomy-exit, accessed February 16, 2016.

18 Rad Hourani, http://montrealgazette.com/entertainment/arts/pop-tart-designer-rad-hourani-launches-art-exhibition-in-montreal, accessed February 20, 2016.

19 Adam Geczy and Benjamin Gennochio, What is Installation: An Anthology of Writings on Installation Art in Australia, Sydney: Power Publications Sydney, 2001, 2.

20 George Alexander, ibid., 61.

8 Rick Owens's Gender Performativities

1 "Rick Owens Interview," 2012, https://www.youtube.com/watch?v=ikU1dxuQPYY.

2 The Lord of the Rings film series was directed by Peter Jackson and produced by Wingnut Films. Based on the novel by English novelist J. R. R Tolkien, the film trilogy includes The Lord of the Rings (2001), The Two Towers (2002) and The Return of the King (2003).

3 A Womble is a fictional pointy nosed fluffy creature, created by author Elizabeth Beresford, that appeared in a series of children's books in 1968. Wombles live in burrows and look after the environment by cleaning and recycling rubbish.

4 Hervia online, http://www.hervia.com/blog/in-focus-monochromatic-minimalism-

from-rick-owens/, accessed December 9, 2015.

5 Germany's Bauhaus art and design school that was founded in 1919 in the aftermath of World War I. It was a cultural think tank and salon that brought together prominent artists and architects such as Wassily Kandinsky, Paul Klee and Mies van der Rohe. Founded by the German architect Walter Gropius from 1919 to 1932, the Bauhaus approach to design was to combine art, craft and technology, creating a new approach to teaching that was philosophical and liberated from historicism. The Bauhaus became synonymous with functional purity and form which found its way into fashion.

6 Valerie Steele, Gothic: Dark Glamour, New Haven: Yale University Press and the Fashion Institute of Technology New York, 2008, 92.

7 Harriet Walker, Less is More: Minimalism in Fashion, London and New York: Merrell, 2011, 15.

8 http://eightiesclub.tripod.com/id295.htm, accessed December 17, 2015.

9 Elizabeth Wilson, "A Note on Glamour," Fashion Theory, Vol. 11, No. 1, Oxford: Berg, 2007, 99.

10 Wilson, "A Note on Glamour," 99.

11 Ibid.

12 Karl Marx, Capital, New York: Appleton, 1889, 816.

13 For a comprehensive study of the "belle dame sans merci," see Mario Praz, The Romantic Agony, trans. Angus Davidson, 2nd edition, London and New York: Oxford University Press, 1970.

14 Wilson, "A Note on Glamour," 99.

15 C. Baudelaire, "The Savage Wife and the Kept Woman," The Poems in Prose, Francis Scarfe ed. and trans., London: Anvil Press (1989) 1991, 57.

16 Based on the Orientalist veil dances, The Dance of the Seven Veils was incorporated by Oscar Wilde in the play Salomé (1891) and refers to the dance performed by Salomé in front of Herod Antipas in the biblical story of the execution of John the Baptist.

17 http://journal.antonioli.eu/2015/01/rick-owens-about-fw15-sphinx-collection/, accessed December 18, 2015.

18 Ibid.

19 Michel Foucault. "Of Other Spaces," Diacritics, Vol. 16. No. 1, Spring 1986. 23, 22–27.

20 http://www.dazeddigital.com/fashion/article/22274/1/beyond-the-surface-rick-owens-ss15, accessed December 18, 2015.

21 http://www.highsnobiety.com/2015/08/27/rick-owens-moments/, accessed December 19, 2015.

22 http://www.joyce.com/hk-press/joyce-opens-rick-owens-freestanding-store-in-hong-kong/, accessed December 20, 2015.

23 Jan Kedves, Talking Fashion. From Nick Night to Raf Simons in Their Own Words, London: Prestel, 2013, 25.

24 http://www.blouinartinfo.com/news/story/973689/fashions-new-avant-garde-guards, accessed December 14, 2015.

25 Harraway, Simians, Cyborgs and Women.

26 Judith Butler, Bodies that Matter, London and New York: Routledge, 1993, 231.

27 Nancy Troy, Couture Cultures. A Study of Modern Art and Fashion, Cambridge, MA: MIT Press, 2002, 81.

28 "As much as drag creates a unified picture of 'woman' (what its critics often oppose), it also reveals the distinctness of those aspects of gendered experience that are falsely naturalized as a unity through the regulatory fiction of heterosexual coherence. In imitating gender, drag implicitly reveals the imitative structure of gender itself—as well as its contingency." Judith Butler, Gender Trouble: Feminism and the Subversion of Identity, London and New York: Routledge, 1990, 137, emphasis in the original.

29 Dazed, http://www.dazeddigital.com/fashion/article/26800/1/women-wear-other-women-at-rick-owens, accessed December 9, 2015.

30 Ginger Gregg Duggan, "The Greatest Show on Earth: A Look at Contemporary Fashion Shows and their Relationship to Performance Art," Fashion Theory: The Journal of Dress, Body and Culture, 5:3 (2001), 243–270, at 244.

31 Duggan, "The Greatest Show on Earth".

9 Walter Van Beirendonck's Hybrid Science Fictions

1 Pier Paolo Pasolini, Salò, or the 120 Days of Sodom, Les Productions Artistes Associés, 1975.

2 Third Berlin Biennial for Contemporary Art, Exhibition Catalogue, KW Institute for Contemporary Art: Berlin, 2000, 40.

3 Walter van Beirendonck, Natalie Riff, Dazed, http://www.dazeddigital.com/fashion/article/19822/1/the-da-zed-of-walter-van-beirendonck, accessed October 19, 2015.

4 Kaat Debo, "Walt's World of Wonder," Dream the World Awake, Exhibition Catalogue, Belgium: Lanno Publishers, 2011, 24.

5 Luc Derycke and Sandra Van De Veire (eds) Belgian Fashion Design, Ghent: Ludion, 1999, 140.

6 Walter van Beirendonck, Paula Di Trocchio, Manstyle, Exhibition Catalogue, National Gallery of Victoria, Melbourne, 2011, 40.

7 Georges Auriac, Louis Durey, Arthur Honegger, Darius Milhaud, Francis Poulenc and

Germaine Tailleferre.

8 Kathryn Hughes, "How London Dressed Up for the 1980s," Guardian, June 22, 2013, http://www.theguardian.com/culture/2013/jun/22/club-catwalk-london-fashion-1980s, accessed October 21, 2015.

9 Iain R. Webb, Blitz: As Seen in Blitz — Fashioning the 80s Style, Suffolk: ACC Editions, 2013, 8.

10 Ben Carrington and Brian Wilson, "Dance Nations: Rethinking Youth Subcultural Theory," in Andy Bennett and Keith Kahn-Harris, After Subculture: Critical Studies in Contemporary Youth Culture, Hampshire: Palgrave, 2004, 66.

11 Walter van Beirondonck, The Secret History of Walter Van Beirendonck's Invitations, Dazed Digital, http://www.dazeddigital.com/fashion/article/19867/1/the-secret-history-of-walter-van-beirendoncks-invitations, accessed October 30, 2015.

12 See Dylan Thomas, The Eighties: One Day, One Decade, London: Random House, 2013.

13 http://contributormagazine.com/interview-walter-van-beirendonck/, accessed October 25, 2015.

14 Lee Higgins, Community Music in Theory and in Practice, Oxford: Oxford University Press, 2012, 38.

15 Elsie Clews-Parsons and Ralph L. Beals, "The Sacred Clowns of the Pueblo and Mayo-Yaqui Indians," American Anthropologist, Vol. 36, No. 4, October–December, 1934, 491.

16 Mikhail Bakhtin, Rabelais and His World, trans. by Helene Iswolsky, Bloomington: Indiana University Press, 1984, 7–8.

17 Ibid., 8.

18 Directed by Tommy Lee Wallace and distributed by Warner Bros Television.

19 Luc Derycke and Sandra Van De Veire, eds., Belgian Fashion Design, Ghent: Ludion, 1999, 10.

20 Jean Paul Cauvan, Walter Van Beirendonck Menswear Spring 2008: Well Endowed Fetish Avatars, http://www.fashionwindows.net/2007/07/walter-van-beirendonck-menswear-spring-2008/, accessed October 30, 2015.

21 Tim Blanks, "Walter and the Bears," Dream the World Awake, Exhibition Catalogue, Belgium: Lanno Publishers, 2011, 94.

22 Alexandra Warwick and Dani Cavallaro, Fashioning the Frame: Boundaries, Dress and the Body, Oxford: Berg, 1998, 129.

23 Mikhail Bakhtin, Rabelais and His World, trans. Helene Iswolsky, Cambridge, MA: MIT Press, 1968, 39–40.

24 Theresa de Lauretis, Technologies of Gender, Bloomington and Indianapolis: Indiana University Press, 1987.

25 See also Efrat Tseëlon: In work deeply indebted to both Bakhtin and de Lauretis,

she notes that the mask, "deals with literal and metaphorical covering for ends as varied as concealing, revealing, highlighting, protesting [and] protecting in the field where social practices are carried out." "From Fashion to Masquerade: Towards an Ungendered Paradigm," in Joanne Entwistle and Elizabeth Wilson, eds., Body Dressing, Oxford: Berg, 2001, 108.

26 Bakhtin, Rabelais, 40.

27 Tim Blanks, "Walter and the Bear," Dream the World Awake, Exhibition Catalogue, Belgium: Lanno Publishers, 2011, 97.

28 Kobena Mercer, "Reading Racial Fetishism: The Photographs of Robert Mapplethorpe," Jessica Evans and Stuart Hall, eds., Visual Culture: The Reader, Sage: London, 2006, 436.

29 Tim Blanks, "Fall 2012 Menswear, Walter van Beirendonck," Vogue, January 21, 2012, http://www.vogue.com/fashion-shows/fall-2012-menswear/walter-van-beirendonck, accessed November 5, 2015.

30 Frantz Fanon, Black Face, White Mask, New York: Grove Press, 1967, 18.

31 Sima Godfrey, "Dandy as Ironic Figure," SubStance, Vol. 11, No. 3, Issue 36, 1982, 24.

32 Baudelaire, C., "The Painter in Modern Life," in, The Painter in Modern Life and Other Essays, trans. Jonathan Mayne, London: Phaidon, 1987, 26.

33 Ibid., 27.

34 Ibid.

35 Ibid., 26–27.

36 Charles Baudelaire, "Le Dandy," Le Peintre de la vie moderne, Œuvres complètes, ed. Y.-G. Le Dantec, Paris: Pléiade, 1954, 906–909.

37 Rosalind H. Williams, Dream Worlds: Mass Consumption in Late Nineteenth-Century France, Berkeley, Los Angeles: University of California Press, 1982, 111.

38 Ibid.

39 Patty Chang, "A Matter of Style," Fashion Projects. On Fashion, Art and Visual Culture, May 6, 2009, http://www.fashionprojects.org/?p=570#more-570, accessed November 8, 2015.

40 James Clifford, "On Collecting Art and Culture," Simon During, ed., The Cultural Studies Reader, London: Routledge, 1993, 67.

41 Susan Sontag, cit. James Clifford, ibid, 53.

42 Vicki Karaminas, "Imagining the Orient: Cultural Appropriation in the Florence Broadhurst Collection," International Journal of Design, Vol. 1, No. 2, 2007, 16.

43 Wilde, O., "The Decay of Dying," Hazard Adams, ed., Critical Theory since Plato, New York: Harcourt Brace, 1992, 664.

44 Patrizia Calefato, Luxury, Fashion, Lifestyle and Excess, London: Bloomsbury, 2014, 50.

45 Suzy Menkes, Herald Tribune, January 27, 1998, in Kiss the Future: Believe. Walter

Van Beirendonck and Wilde and Lethal Trash, Exhibition Catalogue, Museum Boijmans Van Beuningen: Rotterdam; Nai Publishers, 1998.

46 Ibid.

47 Inge Grognard, ibid.

48 Walter van Beirendonck, in Luc Derycke and Sandra Van de Veire, eds., Belgian Fashion Design, Ghent: Ludion, 237.

49 Suzy Bubble, http://www.dazeddigital.com/fashion/article/23322/1/walter-van-beirendonck-aw15.

Conclusion: To Alexander McQueen,

in Memoriam

1 Giorgio Agamben, Nudities, trans. David Kishik and Stefan Pedatella, Stanford: Stanford University Press, 2011, 16.

BIBLIOGRAPHY

● ● ● ● ● ● ● ● ● ● ● ● ● ●

参考书目

Abelove, H., M. Aina Barale, and D. Halperin, The Lesbian and Gay Studies Reader, New York and London: Routledge, 1990.

Adams, Hazard, Critical Theory since Plato, New York: Harcourt Brace, 1992.

Adorno, Theodor W., Ästhetische Theorie, Frankfurt am Main: Suhrkamp, (1970) 1973.

Adorno, Theodor W., Prisms, trans. Sam and Shierry Weber, Cambridge MA: MIT Press, (1981) 1990.

Adorno, Theodor W., and Max Horkheimer, Dialectic of Enlightenment, trans. Edmund Jephcott, Stanford: Stanford University Press, 2002.

Agamben, Giorgio, What is an Apparatus? And Other Essays, trans. David Kishik and Stefan Pedatella, Stanford: Stanford University Press, 2009.

Agamben, Giorgio, Nudities, trans. David Kishik and Stefan Pedatella, Stanford: Stanford University Press, 2011.

Ainley, R., What is She Likes: Lesbian Identities from the 1950s to the 1990s, London: Cassell, 1995.

Aldrich, R., ed., Gay Life and Culture: A World History, London: Thames and Hudson, 2006.

Aldrich, R., and G. Wotherspoon, eds., Gay and Lesbian Perspectives IV: Essays in Australian Culture, Sydney.

Alexander McQueen: Savage Beauty, exh. Cat., New York: Metropolitan Museum of Art, 2011.

Altman, D., The Homosexualisation of America: The Americanisation of the Homosexual, New York, 1982.

Bakhtin, Mikhail, Rabelais and His World, trans. Helene Iswolsky, Cambridge, MA: MIT Press, 1968.

Bartlett, Djudja, Shaun Cole, and Agnès Rocamora, eds., Fashion Media: Past and Present, London and New York: Bloomsbury, 2013.

Baudelaire, Charles, Œuvres complètes, ed. Y-G. Dantec, Paris: Gallimard Pléiade, 1954.

Baudelaire, Charles, The Painter in Modern Life and Other Essays, trans. Jonathan Mayne, London: Phaidon, 1987.

Baudelaire, Charles, The Poems in Prose, ed. and trans. Francis Scarfe, London: Anvil

Press, (1989) 1991.

Beatrice, Luca, and Matteo Guarmaccia, eds., Vivienne Westwood: Shoes, trans. David Smith, Bologna: Damiani, 2006.

Bech, H. When Men Meet: Homosexuality and Modernity, Cambridge, UK: Polity, 1997.

Beek, Kathryn van, "Kasabian —Velociraptor! (Sony)," 13th Floor, http://13thfloor.co.nz/reviews/cd-reviews/kasabian-velociraptor-sony/.

Beirendonck, Walter van, and Natalie Riff, Dazed, http://www.dazeddigital.com/fashion/article/19822/1/the-da-zed-of-walter-van-beirendonck, accessed October 19, 2015.

Beirondonck, Walter van, The Secret History of Walter Van Beirendonck's Invitations, Dazed Digital, http://www.dazeddigital.com/fashion/article/19867/1/the-secret-history-of-walter-van-beirendoncks-invitations, accessed October 30, 2015.

Benjamin, Walter, Medienästhetische Schriften, Frankfurt am Main: Suhrkamp, 2002.

Berube, A., Coming Out Under Fire: The History of Gay Men and Women in World War Two, New York.

Blake, Mark, ed., Punk: The Whole Story, London and New York: Mojo, 2006.

Blanks, Tim, "Walter and the Bears," Dream the World Awake, Exhibition Catalogue, 87–97. Belgium: Lanno Publishers, 2011.

Blanks, Tim, "Fall 2012 Menswear," Walter van Beirendonck, Vogue, January 21, 2012. http://www.vogue.com/fashion-shows/fall-2012-menswear/walter-van-beirendonck, accessed November 5, 2015.

Bowie, Malcolm, Mallarmé and the Art of Being Difficult, Cambridge: Cambridge University Press, 2008.

Brunette, Peter, and David Wills, eds., Deconstruction and the Visual Arts: Art, Media and Architecture, Cambridge: Cambridge University Press, 1994.

Bubble, Suzy, http://www.dazeddigital.com/fashion/article/23322/1/walter-van-beirendonck-aw15, accessed November 12, 2015.

Burana, L. R., and D. Linea, ed., Dagger: On Butch Women, San Francisco: Cleis Press, 1994.

Butler, Judith, Bodies that Matter, London and New York: Routledge, 1993.

Calefato, Patrizia, Luxury, Fashion, Lifestyle and Excess, London: Bloomsbury, 2014.

Carrington, Ben, and Brian Wilson, "Dance Nations: Rethinking Youth Subcultural Theory," in Andy Bennett and Keith Kahn-Harris, 65–78, After Subculture. Critical Studies in Contemporary Youth Culture, Hampshire: Palgrave, 2004.

Carroll, David, ed., The States of "Theory": History, Art, and Critical Discourse, Stanford: Stanford University Press, (1990) 1994.

Cauvan, Jean Paul, Walter Van Beirendonck Menswear Spring 2008: Well Endowed Fetish Avatars, http://www.fashionwindows.net/2007/07/walter-van-beirendonck-menswear-spring-2008/, accessed October 30, 2015.

Chang, Patty, "A Matter of Style," Fashion Projects. On Fashion, Art and Visual Culture, May 6, 2009, http://www.fashionprojects.org/?p=570#more-570, accessed November 8, 2015.

Clark, T. J., "Modernism, Postmodernism, and Steam," October 100, Spring 2002, 155–174.

Clews-Parsons, Elsie, and Ralph L. Beals, "The Sacred Clowns of the Pueblo and Mayo-Yaqui Indians", American Anthropologist, Vol. 36, No. 4, October–December, (1934): 491–519.

Clifford, James, "On Collecting Art and Culture," ed. Simon During, The Cultural Studies Reader, 57–76, Routledge: London, 1993.

Cole, S., Don We Now Our Gay Apparel, Oxford and New York: Berg, 2000.

Comini, Alessandra, Egon Schiele, New York: George Brazillier, 1976.

Croizat, Yassana, "'Living Dolls': François Ier Dresses His Women," Renaissance Quarterly, Vol. 60 No. 1, Spring 2007, 94–130.

Crouch, Colin, Post-Democracy, London and New York: Polity, 2004.

Culler, Jonathan, ed., Deconstruction: Critical Concepts in Literary and Cultural Studies, vols. 1 and 3, London and New York: Routledge, 2003.

Daris, Gabriella, "Fall 2016 Collections: Marie-Agnès Gillot Stars in Gareth Pugh's LFW Show," Blouinartinfo, February 23, 2016, http://www.blouinartinfo.com/news/story/1336602/fall-2016-collections-marie-agnes-gillot-stars-in-gareth, accessed February 29, 2016.

Debo, Kaat, "Walt's World of Wonder," Dream the World Awake, exn cat., Belgium: Lanno Publishers, 2011.

Debord, Guy, "One More Try If You Want to Be Situationists (The S.I. in and against Decomposition)," trans. John Shepley, October 79, 85–89.

Derrida, Jacques, De la Grammatologie, Paris: Minuit, 1967.

Derrida, Jacques, L'écriture et la différence, Paris: Seuil, 1967.

Deleuze, Gilles, Spinoza et le problem de l'expression, Paris: Minuit, 1968.

Deleuze, Gilles, and Félix Guattari, L'Anti-Œdipe, Paris: Minuit, 1972.

Deleuze, Gilles, Spinoza: Philosophie practique, Paris: Minuit, 1981.

Deleuze Gilles, and Félix Guattari, Mille Plateaux, Paris: Minuit, 1981.

Derrida, Jacques, "A Letter to Eisenmann," trans. Hilary Hanel, Assemblage 12, 1990, 7–13.

Derycke, Luc, and Sandra Van De Veire, eds., Belgian Fashion Design, Ghent: Ludion, 1999.

Di Trocchio, Paula, Manstyle, Exhibition Catalogue, National Gallery of Victoria, Melbourne, 2011.

Dolansky, Fanny, "Playing with Gender: Girls, Dolls, and Adult Ideals in the Roman World," Classical Antiquity, Vol. 31, No. 2, October 2012, 256–292.

Duggan, Ginger Gregg, "The Greatest Show on Earth: A Look at Contemporary Fashion Shows and Their Relationship to Performance Art," Fashion Theory: The Journal of Dress, Body and Culture Vol. 5, No. 3 (2001): 243–270.

Eisenman, Peter, "Post/El Cards: A Reply to Jacques Derrida," Assemblage 12, 1990, 14–17.

English, Bonnie, Japanese Fashion Designers: The Work and Influence of Issey Miyake, Yohgi Yamamoto and Rae Kawakubo, London and New York: Bloomsbury, 2011.

Entwistle, Joanne, and E. Wilson, eds., Body Dressing, Oxford: Berg, 2001.

Entwistle, Joanne, and Agnès Rocamora, "The field of fashion materialized: a study of London Fashion Week," Sociology Vol. 40, No. 4 (2006): 735–751.

Epstein, J., and K. Straub, eds., Body Guards: The Cultural Politics of Gender Ambiguity, New York: Routledge, 1991.

Evans, Caroline, Fashion on the Edge, New Haven and London: 2009.

Evans, Caroline, and Minna Thornton, Women and Fashion: A New Look, London and New York: Quartet Books, 1989.

Evans, Caroline, and Susannah Frankel, The House of Viktor & Rolf, exh. cat. Barbican Centre, London and New York: Merrell, 2008.

Feinberg, L., Stone Butch Blues, New York: Firebrand, 1993.

Filler, Martin, Makers of Modern Architecture, New York: New York Review of Books, 2007.

Fisher, David, "Nietzsche's Dionysian Masks," Historical Reflections, Vol. 21, No. 3, Fall 1995, 515–536.

Fogg, Marnie, When Fashion Really Works, Sydney: Murdoch Books, 2013.

Foster, Hal, "Post-Critical," October 139, 4–8.

Foucault, Michel, "What is Critique?" trans. Lysa Hochroth, in Politics and Truth, ed. Sylvère Lotringer and Lysa Hochroth, New York: Semiotext(e), 2007.

Franz Fanon, Black Face, White Mask, New York: Grove Press, 1967.

Garber, M., Vested Interests: Cross Dressing and Cultural Anxiety, London and New York: Penguin, 1992.

Garelick, Rhonda, Mademoiselle: Coco Chanel and the Pulse of History, New York:

Random House, 2014.

Gasché, Rodolphe, The Taint of the Mirror: Derrida and the Philosophy of Reflection, Cambridge MA: Harvard University Press, 1986.

Geczy, Adam, Fashion and Orientalism: Dress, Textiles and Culture from the 17th to the 21st Century, London and New York: Bloomsbury, 2013.

Geczy, Adam, The Artificial Body in Fashion and Art: Models, Marionettes and Mannequins, London and New York: Bloomsbury, 2016.

Geczy, Adam, and Benjamin Gennochio, eds., What is Installation: An Anthology of Writings on Installation Art in Australia, Sydney: Power Publications, 2001.

Geczy, Adam, and Vicki Karaminas, eds., Fashion and Art, New York and London: Bloomsbury, 2012.

Geczy, Adam, and Vicki Karaminas, Queer Style, New York and London: Bloomsbury 2013.

Geczy, Adam, and Vicki Karaminas, Fashion's Double: Representations of Fashion in Painting, Photography and Film, London and New York: Bloomsbury, 2015.

Geczy, Adam, and Jacqueline Millner, Fashionable Art, New York and London: Bloomsbury, 2015.

Gill, Alison, "Deconstruction Fashion: The Making of Unfinished, Decomposing and Re-Assembled Clothes," Fashion Theory, Vol. 2, No. 1, 1998, 25–49.

Givhan, Robin, "Rei Kawakubo: The CFDA fêtes a fashion sphinx," Newsweek, Vol. 159, No. 24, June 11, 2012, http://search.proquest.com.ezproxy1.library.usyd.edu.au/docview/1017537996?pq-origsite=summon.

Gluck, Mary, Popular Bohemia: Modernism and Urban Culture in Nineteenth-Century Paris, Cambridge, MA: Harvard University Press, 2005.

Godfrey, Sima, "Dandy as Ironic Figure," SubStance, Vol. 11, No. 3, Issue 36, 1982, 21–32.

Green, Eileen, and Alison Adam, eds., Virtual Gender: Technology, Consumption and Identity, London and New York: Routledge, 2001.

Greene, Lucie, "It's a Man's World," Women's Wear Daily, Vol. 194, No. 54, September 11, 2007, Internet source.

Grosz, Elizabeth, Volatile Bodies: Toward a Corporeal Feminism, Indianapolis: Indiana University Press, 1994.

Habermas, Jürgen, Philosophical Discourse of Modernity, trans. Frederick Lawrence, Cambridge MA: MIT Press 1985.

Halberstam, Judith, "Skinflick: Posthuman Gender in Jonathan Demme's The Silence of the Lambs, Camera Obscura, Vol. 3, No. 27, September 1991, 9, 37–52.

Haraway, Donna, "Manifesto for Cyborgs: Science, Technology, and Socialist Feminism in the 1980s," Socialist Review 80, 1985, 65–108, reprinted as "A Cyborg Manifesto: Science, Technology and Socialist-Feminism in the Late Twentieth Century," in Donna Harraway, Simians, Cyborgs and Women: The Reinvention of Nature, London and New York: Routledge, 1991.

Hastreiter, Kim, "Mopping the Street," Design Quarterly, 159, Spring 1993, 33–37.

Hayles, Katherine, How We Became Posthuman: Virtual Bodies in Cybernetics, Literature and Infomatics, Chicago and London: Chicago University Press, 1999.

Hebdidge, Dick, Subculture: the Meaning of Style, London: Methuen, 1979.

Herbrecheter, Stefan, Posthumanism: A Critical Analysis, London and New York: Bloomsbury, 2013.

Higgins, Lee, Community Music in Theory and in Practice, Oxford: Oxford University Press, 2012.

Hughes, Kathryn, "'How London Dressed Up for the 1980s," Guardian, June 22, 2013, http://www.theguardian.com/culture/2013/jun/22/club-catwalk-london-fashion-1980s, accessed October 21, 2015.

Ince, Catherine, and Rie Nii, eds., Future Beauty: 30 Years of Japanese Fashion, exh cat, New York and London: Merrell and the Barbican Centre, 2010.

Jivani, A., It's not Unusual: A History of Lesbian and Gay Britain in the Twentieth Century, London: 1997.

Jones, Terry, Rick Owens, New York: Taschen, 2012.

Jones, Terry, and Avril Mair, eds., Fashion Now, ID Selects the Worlds 150 Most Important Designers, Cologne: Taschen, 2003.

Joselit, David, "On Aggregators," October 146, Fall 2013.

Katz, J. N., Gay American History: Lesbians and Gay Men in the USA, New York:, 1992.

Kaufmann, Vincent, "Angels of Purity," October 79, Guy Debord and the Internationale situationiste, Special Issue, Winter 1997, 49–68.

Kawamura, Yuniya, The Japanese Revolution in Paris Fashion, Oxford and New York: Berg, 2004.

Kermode, Frank, Romantic Image, London: Routledge and Kegan Paul, 1957.

Khan, Natalie, "Stealing the Moment: The Non-narrative Fashion Films of Ruth Hogben and Gareth Pugh," Fashion, Film and Consumption, 2012, 251–262.

Kirk, K., and E. Heath, Men in Frocks, London:, 1984.

Klein, Yves, Le dépassement de la problématique de l'art et autres écrits, Paris: École Nationale Supérieure des Beaux-Arts, 2003.

Koda, Harold, "Rei Kawakubo and the Aesthetic of Poverty," Dress: Journal of the Costume Society of America 11, 1985, 5–14.

Kristeva, Julia, Powers of Horror: An Essay on Abjection, New York: Columbia University Press, 1982.

Lauretis, Theresa de, Technologies of Gender, Bloomington and Indianapolis: Indiana University Press, 1987.

Lefevbre, H., "The Production of Space" (1991: 292) in J. J. Gieseking, W. Mangold, C. Katz, C. Low and S. Saegert, The People, Place, Space Reader, London and New York: Routledge, 2014.

Le Rose, Lauren, "Dutch Design Guru's Viktor and Rolf bring their 'Dolls' Collection to the Royal Ontario Museum for Luminato," Style, National Post, April 9, 2013 http://news.nationalpost.com/life/dutch-design-gurus-viktor-rolf-bring-their-dolls-collection-to-the-royal-ontario-museum-for-luminato, accessed November 18, 2015.

Levine, M. P., Gay Macho: The Life and Death of the Homosexual Clone, New York and London.

Lévi-Strauss, Claude, La Pensée sauvage, Paris: Plon, 1962.

Lipovetsky, Gilles, L'empire de l'éphémère: la mode et son destin dans les societies modernes, Paris: Gallimard, 1987.

Lippman, Michael, "Embodying the Mask: Exploring Ancient Roman Comedy Through Masks and Movement," The Classical Journal, Vol. 111, No. 1, October–November, 2015, 25–36.

Loscialpo, Flavia, "Fashion and Philosophical Deconstruction: A Fashion in-Deconstruction." 1st Global Conference: Fashion–Exploring Critical Issues, Session. Vol. 1., 2003.

Lukács, Georg, History and Class Consciousness, trans. Rodney Livingstone, 1919–1923, http://www.marxists.org/archive/lukacs/works/history/.

Maffessoli, Michel, The Time of the Tribes: The Decline of Individualism in Mass Society, London: Sage, 1996.

Martin, Richard, and Harold Koda, eds., Info-Apparel, New York: Metropolitan Museum of Art, 1993.

McLuhan, Marshall, Understanding Media: the Extensions of Man (1964), London and New York: Routledge, 2001.

McNeil, Peter, and Vicki Karaminas, eds., The Men's Fashion Reader, Oxford: Berg, 2009.

Melville, Stephen, Philosophy Beside Itself: On Deconstruction and Modernism, Manchester: Manchester University Press, 1986.

Mercer, Kobena, "Reading Racial Fetishism: The Photographs of Robert Mapplethorpe," ed. Jessica Evans and Stuart Hall, 435–444, Visual Culture: The Reader, Sage: London, 2006.

Meyer, Moe, ed., The Politics and Poetics of Camp, New York: Routledge, 1994.

Miller, Sanda. "Fashion as Art; is Fashion Art?" Fashion Theory: The Journal of Dress, Body and Culture Vol. 11, No. 1 (2007): 25–40.

Mitchell, Louise, ed. The Cutting Edge: Fashion from Japan, Sydney: Powerhouse Publishing, 2005.

Muggleton, D., Inside Subculture. The Postmodern Meaning of Style, Oxford and New York: Berg, 2000.

Muggleton, D., and R. Weinzierl, ed., The Post-Subcultures Reader, Oxford and New York: Berg, 2003.

Mulvey, Laura, "Visual Pleasure and Narrative Cinema," Screen, Vol. 16, No. 3, Autumn 1975, 6–18.

Munt, S., "The Butch Body," in R. Holliday and J. Hassard, eds., Contested Bodies, London: Routledge, 2001.

Nixon, Natalie W., and Johanna Blakley, "Fashion Thinking: Towards an Actionable Methodology," Fashion Practice: The Journal of Design, Creative Process and the Fashion Industry, Vol. 4, No. 2 (2012): 153–176.

Norris, Christopher, Deconstruction: Theory and Practice, London and New York: Routledge (1982), revised edition, 1991.

O'Hara, Craig, The Philosophy of Punk: More than Noise, London and San Francisco: AK Press, 1999.

Ongley, Hannah, "Penis Shoes and A Topless Kate Moss at Vivienne Westwood's 1995 'Erotic Zones'," http://blog.swagger.nyc/2015/04/30/tbt-penis-shoes-and-topless-kate-moss-at-vivienne-westwoods-1995-erotic-zones/, accessed November 24, 2015.

Owens, Rick, Rick Owens, New York: Rizzoli, 2011.

Peers, Juliette, The Fashion Doll: From Bébé Jumeau to Barbie, Oxford and New York: Berg, 2004.

Perniola, Mario, Art and its Shadow (2000), trans. Massimo Verdicchio, New York and London: Continuum, 2004.

Plato, Plato: Five Great Dialogues, ed. Louise Loomis, New York: Gramercy Books, 1942.

Polan, Brenda, and Roger Tredre, The Great Fashion Designers, Oxford and New York: Berg, 2009.

Polhemus, T, Body Styles, New York: Luton, 1988.

Polhemus, T., Streetstyle: From Sidewalk to Catwalk, New York:, 1994.

Pollock, Donald, "Masks and the Semiotics of Identity," Journal of the Royal Anthropological Institute, Vol. 1, No. 3, 1995, 581–597.

Praz, Mario, The Romantic Agony, trans. Angus Davidson, Oxford: Oxford University Press, 2nd edition, 1970.

Probyn, Elsbeth, "Queer Belongings: The Politics of Departure," in Elizabeth Grosz and Elsbeth Probyn, eds, Sexy Bodies: Strange Carnalities of Feminism, London: Routledge, 1995.

Ranscombe, Sian, "Gareth Pugh Injects 'Pillow Face' into London Fashion Week Using Tights," Lifestyle and Beauty, The Daily Telegraph, http://www.telegraph.co.uk/beauty/make-up/gareth-pugh-beauty-aw16/, accessed February 29, 2016.

Reinhardt, Leslie, "Daughters, Dress, and Female Virtue in the Eighteenth Century," American Art, Vol. 20, No. 2, Summer 2006, 32–55.

Rolley, C., Lesbian Dandy: The Role of Dress and Appearance in the Formation of Lesbian Identities. New York: Continuum, 1997.

Rosanvalon, Pierre, Counter-Democracy, trans. Arthur Goldhammer, Cambridge and London: Cambridge University Press, 2008.

Secrest, Meryle, Elsa Schiaparelli: A Biography, New York: Knopf, 2014.

Seely, Stephen, "How Do You Dress a Body Without Organs? Affective Fashion and Nonhuman Becoming," Women's Studies Quarterly, Vol. 41, No. 1/2, Spring/Summer, 2012, 247–265.

Skidmore, Maisie, "Aitor Throup the Anomalous Designer: We Meet Aitor Throup in His Studio to Discuss his Unusual Practice," http://www.itsnicethat.com/features/aitor-throup-the-anomalous-designer-we-meet-aitor-thoup-in-his-studio-to-discuss-his-unusual-practice, accessed November 16, 2015.

Spinoza, Baruch, Ethics, trans. Andrew Boyle, revised G. H. R. Parkinson, London: Everyman, (1959) 1993.

Steele, Valerie, Fifty Years of Fashion: New Look to Now, New Haven and London: Yale University Press, 2000.

Steele, Valerie, ed., Japan Fashion Now, New Haven and London and New York: Yale University Press and Fashion Institute of Technology, 2010.

Steele, Valerie, ed., The Berg Companion to Fashion, Oxford and New York: Berg, 2010.

Steele, Valerie, "Fashion Prescribes the Ritual," Dream the World Awake, Exhibition Catalogue, Belgium: Lanno Publishers, 2011, 135–143.

Stern, Radu, et al., Against Fashion: Clothing as Art, 1850–1930, Cambridge, MA: MIT Press, 2004.

Stewart, Susan, On Longing. Narratives of the Miniature, the Gigantic, the Souvenir, the

Collection, Durham and London: Duke University Press, 1993.

Taylor, Melissa, "Culture Transition: Fashion's Cultural Dialogue between Commerce and Art," Fashion Theory: The Journal of Dress, Body and Culture, Vol. 9, No. 4 (2005): 445–460.

Thesander, Marianne, The Feminine Ideal (1994), trans. London: Nicholas Hills, Reaktion, 1997.

3rd Berlin Biennial for Contemporary Art, exn cat., Berlin: KW Institute for Contemporary Art, 2000.

Thomas, Dylan, The Eighties: One Day, One Decade, London: Random House, 2013.

Thomas, Dylan, "Space Ships, Drugs Everywhere, and Freddie Mercury Trying it on with Bono: The Live AID Story You've Never Heard Before, Mail Online, May 25, 2013, http://www.dailymail.co.uk/home/event/article-2329571/Freddie-Mercury-trying-Bono-The-Live-Aid-story-youve-heard-before.html, accessed October 20, 2015.

Thornton, Sarah, et al., The Subcultures Reader, Routledge, 1997.

Thurman, Judith, "The Misfit," New Yorker, July 4, 2005, http://www.newyorker.com/magazine/2005/07/04/the-misfit-3, accessed November 29, 2015.

Tonkin, E., "Masks and Powers", Man, 14, 1979, 237–248.

Tseëlon, Efrat, "From Fashion to Masquerade: Towards an Ungendered Paradigm," ed. by Joanne Entwistle and Elizabeth Wilson, 103–120. Body Dressing, Oxford: Berg, 2001.

Uroskie, Andrew, "Beyond the Black Box: The Lettrist Cinema of Disjunction," October 135, 21–48.

Vattimo, Gianni, Art's Claim to Truth, ed. Santiago Zabala, trans. Luca D'Isanto, New York: Columbia University Press, 2008.

Vermorel, Fred, Fashion and Perversity: A Life of Vivienne Westwood and the Sixties Laid Bare, London: Bloomsbury, 1996.

Viktor and Rolf: The Couture Laboratory, Dazed, http://www.dazeddigital.com/fashion/article/18190/1/viktor-rolf-the-couture-laboratory, accessed November 18, 2015.

Warwick, Alexandra, and Dani Cavallaro, Fashioning the Frame: Boundaries, Dress and the Body, Oxford: Berg, 1998.

Waugh, Evelyn, Unconditional Surrender (1961), Harmondsworth: Penguin, 1979.

Webb, Iain R., Blitz: As Seen in Blitz—Fashioning the 80s Style, Suffolk: ACC Editions, 2013.

Westwood, Vivienne, and Ian Kelly, Vivienne Westwood, Oxford and London: Phaidon, 2014.

Wigley, Mark, The Architecture of Deconstruction: Derrida's Haunt, Cambridge, MA: MIT Press, 1993.

Williams, Rosalind H., Dream Worlds: Mass Consumption in Late Nineteenth-Century France, Berkeley and Los Angeles: University of California Press 1982.

Wilson, Elizabeth, Adorned in Dreams: Fashion and Modernity, London: Virago, 1985.

Wilson, Elizabeth, Bohemians: Glamorous Outcasts, London: I. B. Tauris, 2000.

Wilcox, Claire, ed., Radical Fashion. London: V&A Museum, 2001.

Wilcox, Claire, Vivienne Westwood, London: V&A Museum, 2004.

Yovel, Yirmiyahu, Spinoza and Other Heretics: The Adventures of Immanence, Princeton, NJ: Princeton University Press, 1992.

电影作品年表

Hogben, Ruth, and Gareth Pugh, A Beautiful Darkness, ShowStudio, 2015, https://www.youtube.com/watch?v=IgFqriIM.

Jannings, Emil, The Blue Angel [Der blaue Engel], UFA, 1930.

Pasolini, Pier Paulo, Salò, or the 120 Days of Sodom, Les Productions Artistes Associés, 1975.

Stiller, Ben, Zoolander 2, Red Hour Productions, 2016.

尚未列出的网络资源

"Aitor Throup, Damon Albarn, 'Everyday Robots'," https://www.youtube.com/watch?v=rjbiUj-FD-o

"Aitor Throup The Funeral of New Orleans Part One," https://www.youtube.com/watch?v=rqoWMjpe5l8

"Aitor Throup: London Collections S/S13" https://www.youtube.com/watch?v=4xDpWwQZUqA

"Aitor Throup: New Object Research 201'", https://www.youtube.com/watch?v=stwE71ZMp-A http://www.basenotes.net/ID26123491.html http://contributormagazine.com/interview-walter-van-beirendonck/, accessed October 25, 2015.

Christian Lacroix, https://theballetblogger.wordpress.com/2015/08/23/fashion-in-ballet/, accessed February 16, 2016, http://www.radhourani.com/blogs/projects/15063485-unisex-anatomy-exit, accessed February 16, 2016.

"Everyday Robots: A Digital Portrait of Damon Albarn by Aitor Throup," https://www.youtube.com/watch?v=HxUkeOqoD2o

Fashion or Art? Viktor and Rolf's Autumn/Winter 2015 Haute Couture Collection. http://

www.graphics.com/article/fashion-or-art-viktor-rolfs-autumnwinter-2015-haute-couture-collection, accessed November 20, 2015.

Gareth Pugh, Fall 2008 Ready-to-Wear, https://www.youtube.com/watch?v=MM8IaGi3LIw

Gareth Pugh, Autumn/Winter 2014 Runway Collection, ShowStudio, https://www.youtube.com/watch?v=ZqTM0dqKu-Y

Gareth Pugh Autumn/Winter 2015 by ShowStudios, https://www.youtube.com/watch?v=UtksAyyPRnU

Gareth Pugh, http://uniquestyleplatform.com/blog/2014/10/13/pagan/, accessed February 25, 2016.

Legs, https://www.youtube.com/watch?v=RkkgJhxZBBU

Portrait of Noomi Rapace (Throup, 2014), https://www.youtube.com/watch?v=BMVMPiFLPy8.

Rad Hourani, http://www.sleek-mag.com/print-features/2015/02/rad-hourani-interview-fashion/, accessed February 15, 2016.

Rad Hourani, http://montrealgazette.com/entertainment/arts/pop-tart-designer-rad-hourani-launches-art-exhibition-in-montreal, accessed February 20, 2016.

"Rick Owens Interview," 2012, https://www.youtube.com/watch?v=ikU1dxuQPYY http://www.vogue.co.uk/fashion/spring-summer-2010/ready-to-wear/vivienne-westwood, accessed November 27, 2015.

World's End, 430 King's Road London, http://worldsendshop.co.uk/about/, accessed November 22, 2015.

ACKNOWLEDGMENTS

致 谢

我们要感谢布鲁姆斯伯里的汉娜·克伦普（Hannah Crump）和帕里·汤姆森（Pari Thomson）坚定不移的支持。维姬·卡拉米娜要感谢萨莉·摩根（Sally Morgan）教授、克莱尔·罗宾逊（Claire Robinson）教授、托尼·帕克（Tony Parker）教授、杰西·丘伯（Jess Chubb），以及她在惠灵顿梅西大学创意艺术学院同事们的热情、创造力和智慧。亚当·盖奇要感谢悉尼大学艺术学院、悉尼大学图书馆的多米尼卡·洛威（Domenica Lowe），以及始终关注并对此项目感兴趣的朋友。一如既往，感谢贾丝廷（Justine）、丹特（Dante）、乌尔莉卡（Ulrika）、马塞洛（Marcel）和朱利安（Julian）的奉献和伟大的爱。

1 穿着维维安·韦斯特伍德的"毁灭"T恤的两个男孩，伦敦英皇大道，大约拍摄于20世纪80年代。图片来源：全球影像组织（Universal Images Group）。

2 维维安·韦斯特伍德1982年春夏"野人"系列的乳房针织衫，南希·福克斯威尔·纽伯格收购捐赠基金。图片来源：明尼阿波利斯艺术博物馆（Minneapolis Museum of Art）。

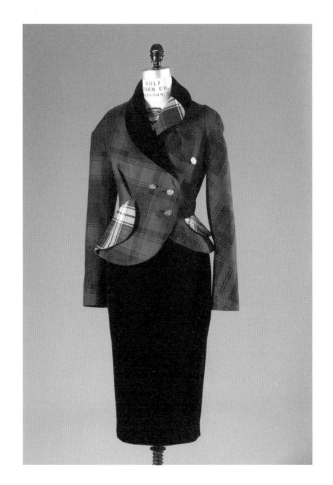

3 维维安·韦斯特伍德，羊毛花格呢子和黑丝天鹅绒，1993 年秋冬。
图片来源：纽约时装学院博物馆（The Museum at FIT）。

4 川久保玲，1997 年春夏系列"肿块"。图片来源：布鲁姆斯伯里档案馆（Bloomsbury Archives）。

5 2008 年 2 月 14 日，英国时装协会伦敦时装周加勒斯·普时装秀的模特。Antonio de Moraes Barros Filho 拍摄。

6 2015 年 2 月 21 日，英国伦敦，维多利亚和阿尔伯特博物馆伦敦时装周，2015 年秋冬季，一位模特走在加勒斯·普时装秀上。Antonio de Moraes Barros Filho 拍摄。

7 加勒斯 · 普，2016 年秋冬伦敦时装周，2016 年 2 月 20 日。

8 加勒斯·普，2016 年春夏"成衣"系列，斯图尔特·C. 威尔逊（Stuart C. Wilson）拍摄。

9 Prada，2014 年春夏"成衣"女装系列，2013 年 9 月 19 日，意大利米兰，时装秀场摄影。

10 2013 年 4 月 30 日，导演巴兹·鲁赫曼（Baz Luhrmann），
女演员凯瑞·穆丽根（Carey Mulligan）和詹妮弗·梅耶（Jennifer
Meyer），演员托比·马奎尔（Tobey Maguire）和设计师缪西
娅·普拉达参加纽约"凯瑟琳·马丁和缪西娅·普拉达打造盖
茨比"开幕鸡尾酒会。

11 2013 年 9 月 10 日，中国上海，Prada 商店"凯瑟琳·马
丁和缪西娅·普拉达打造盖茨比"一览。洪武拍摄。

12 2012 年 10 月 25 日，埃托尔·斯隆普参加英国时装协会的国际展示活动 LONDON Show ROOMS LA，Ace Gallery，加利福尼亚州洛杉矶。斯图尔特·库克（Stewart Cook）拍摄。

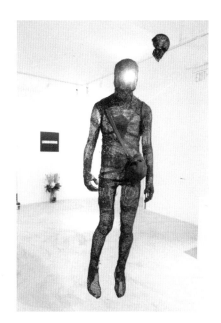

13 2012 年 10 月 25 日，埃托尔·斯隆普参加英国时装协会的国际展示活动 LONDON Show ROOMS LA，Ace Gallery，加利福尼亚州洛杉矶。斯图尔特·库克拍摄。

14 2001 年 3 月 10 日，Viktor &Rolf 2001/2002 秋冬成衣系列巴黎时装秀的模特。彼埃尔·弗迪（Pierre Verdy）拍摄。

15 2001 年 3 月 10 日，在 Viktor &Rolf 2001/2002 秋冬成衣系列巴黎时装秀上，荷兰设计师维克托·霍斯廷与罗尔夫·斯诺伦站在巨型数码屏幕前答谢观众。彼埃尔·弗迪（Pierre Verdy）拍摄。

16 2015 年 7 月 8 日，维克托·霍斯廷、一位模特和罗尔夫·斯诺伦在法国巴黎举行的 2015/2016 秋冬巴黎时装周上亮相。帕斯卡尔（Pascalle Sagretain）拍摄。

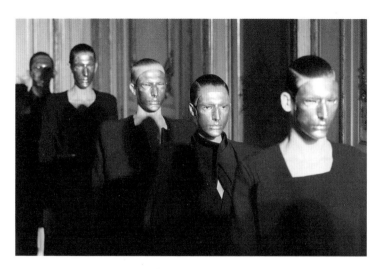

17 2014 年 1 月 22 日，在巴黎举行的 2014 春夏高级定制时装展上，17 位模特展示拉德·胡拉尼的作品。帕特里克·科瓦里克（Patrick Kovarik）拍摄。

18 2013 年 9 月 26 日，巴黎时装周瑞克·欧文斯 2014 春夏时装秀，法国巴黎。时装秀场摄影。

19 2015 年 10 月 1 日，巴黎时装周瑞克·欧文斯 2016 春夏时装秀上的模特走秀，法国巴黎。时装秀场摄影。

20　华特·范·贝伦东克男装，2014 秋冬巴黎时装周。
弗朗索瓦•古洛特（Francois Guillot）拍摄。

21 华特·范·贝伦东克，2008 春夏成衣系列，法国巴黎，弗朗索瓦·古洛特（Francois Guillot）拍摄。

22 "欲望永不眠"男装系列 (2012 秋冬），巴黎时装周 Espace commine 空间 , 2012 年 1 月 28 日。Antonio de Moraes Barros Filho 拍摄。

23 "欲望永不眠"男装系列（2012 秋冬），巴黎时装周 Espace commine 空间，2012 年 1 月 28 日。Antoine Antoniol 拍摄。

24 2014 年 2 月 10 日，在金沙萨贡贝公墓，"萨普"运动的 24 名萨普洱成员参加了该运动的创始人斯泰沃·尼亚考斯（Stervos Niarcos Ngashie）的悼念活动。"La Sape" 是氛围营造者和雅士协会（Société des Ambianceurs et des Personnes Élegantes）的首字母缩写。图片来源：法新社。